ゼロからはじめる

iCloud【アイクラウド】

基本&便利技

リンクアップ 著

技術評論社

CONTENTS

Chapter 1
iCloudでできること

Chapter 2
iPhone／iPadでiCloudを設定する

Chapter 3
Mac で iCloud を利用する

Chapter 4
Windows で iCloud を利用する

CONTENTS

Chapter 5
iCloud で写真を共有・保存する

Chapter 6

iCloud で書類を共有する

CONTENTS

Chapter 7
もっと便利にiCloudを活用する

Chapter 8

iCloud でデータのバックアップ、移行をする

ご注意：ご購入・ご利用の前に必ずお読みください

●本書に記載した内容は、情報の提供のみを目的としています。したがって、本書を用いた運用は、必ずお客様自身の責任と判断によって行ってください。これらの情報の運用の結果について、技術評論社および著者、アプリの開発者はいかなる責任も負いません。

●ソフトウェアに関する記述は、特に断りのない限り、2021年4月現在での最新バージョンをもとにしています。ソフトウェアはバージョンアップされる場合があり、本書での説明とは機能内容や画面図などが異なってしまうこともあり得ます。あらかじめご了承ください。

●本書は以下の環境で動作を確認しています。ご利用時には、一部内容が異なることがあります。あらかじめご了承ください。
端末 ： iPhone 11（iOS 14.4.1）
パソコンのOS ： Windows 10、macOS Big Sur 11.2

●インターネットの情報については、URLや画面などが変更されている可能性があります。ご注意ください。

以上の注意事項をご承諾いただいたうえで、本書をご利用願います。これらの注意事項をお読みいただかずに、お問い合わせいただいても、技術評論社は対処しかねます。あらかじめ、ご承知おきください。

Chapter 1

iCloudでできること

Section 01

Application

iCloudとは

iCloudは、Appleが提供するクラウドサービスです。iPhoneやiPadなどのiOS搭載デバイスのデータバックアップや、パソコンを含むデバイス間でのデータ共有の橋渡しをする重要なパイプとなり、データの共有だけでなく、さまざまなサービスを利用できます。

無料で利用できるクラウドサービス

iCloudは、インターネット上のサーバを通じて写真や書類、カレンダーやメモといったデータを一元管理し、パソコンやiOSを搭載した端末との間で共有するためのクラウドサービスです。iCloudを使用することで、普段使っているどのデバイスからでも、常に最新の情報にアクセスできるようになります。
iCloudは、iOS 5以降、Mac OS X Lion 10.7.5以降を搭載したデバイスに標準でインストールされていますが、すべての機能を利用するためには、iOS、macOSともに最新バージョンへのアップデートが必要です。また、Windowsパソコンでは、専用のソフトウェアをインストールすることでiCloudが利用できます。

●iCloudのしくみ

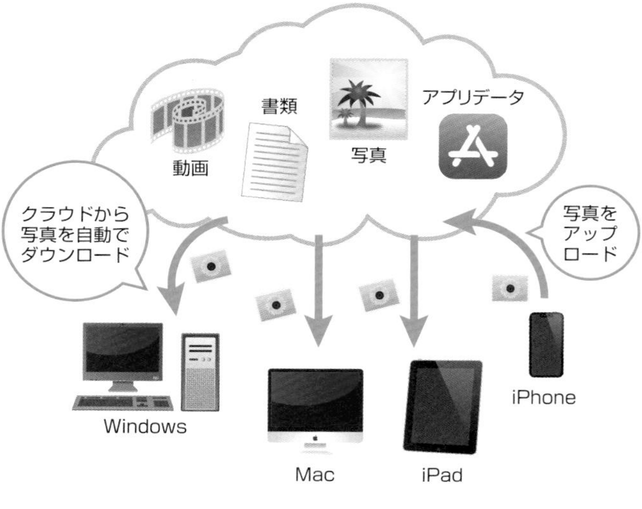

iCloudでどんなことができる?

iCloudを有効にした状態で、パソコンやiPhoneからカレンダーに予定を追加すると、同じiCloudアカウントでサインインしたほかの端末のカレンダーの情報も、自動で更新されます。また、「共有アルバム」を利用すれば、家族や友人と写真を共有することができるので、旅行やイベントなどの写真を複数の人で閲覧したいときに便利です。そのほかにも、iCloud対応アプリで作成した書類をiCloud Driveに保存しておけば、バックアップはもちろん、いつでもどのデバイスからでも続きを編集することができます。

●アプリのデータを共有

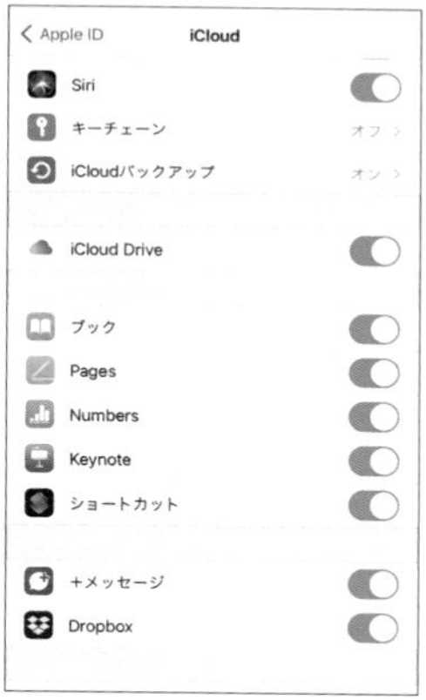

iCloud Drive対応のアプリは、作成したファイルがiCloud Driveに保存され、ほかのデバイスからもアクセスできます。

●カレンダー・メールの共有

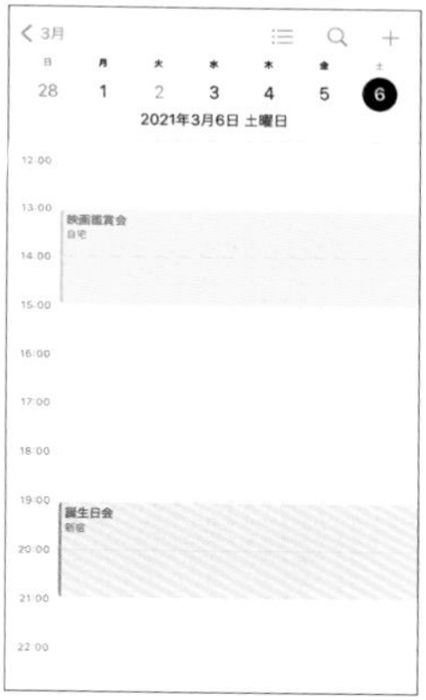

カレンダーやメール、連絡先などの日々更新される情報も、iCloudで常に最新の状態に更新されます。

MEMO クラウドとは

クラウドとは「クラウドコンピューティング」の略称で、データを自分のパソコンのハードディスクに保存する代わりに、インターネットなどのネットワーク上のストレージで保存、運用するしくみやそのサービスを指します。データをネットワーク上に置くことで、ネットワークにアクセスできるすべてのデバイス間でデータを共有できる利便性から注目を集め、多くのサービスが提供されています。iCloudもそのうちの1つで、iPhoneやiPadとの親和性の高さや、5GBまで無料といった利点があります。

iCloudが利用できる環境

自宅ではパソコン、外出先ではiPhoneといったように、状況に応じて複数のデバイスから利用できるiCloudですが、利用するデバイスによって条件が異なります。ここでは、iCloudが利用できるデバイスやその条件を確認しておきましょう。

iCloudの推奨システム条件

iCloudを利用する際、以下の推奨システム条件が満たされていれば、快適にiCloudの最新機能を活用することができます。また、各機能に必要な最小システム条件は、Appleの公式サイト（https://support.apple.com/ja-jp/HT204230）で確認することができます。

iPhone／iPad	Mac	Windows	Apple TV
・iOS 14またはiPadOS 14 ・iOS用iWork（Pages 2.5以降、Numbers 2.5以降、Keynote 2.5以降）	・macOS Big Sur ・Safari 9.1以降、Firefox 45以降、Google Chrome 54以降、Opera ・Mac用iWork（Pages 5.5以降、Numbers 3.5以降、Keynote 6.5以降）	・Microsoft Windows 10 ・Windows用iCloud 11以降 ・iTunes 12.7 ・Outlook 2016以降 ・Firefox 45以降、Google Chrome 54以降（デスクトップモードのみ）、Microsoft Edge、Opera	tvOS 13以降

iCloudのストレージプラン

iCloudを設定すると、5GB分のストレージを無料で利用できるようになりますが、容量が足りなくなると、データがiCloudにバックアップされなくなったり、新しい写真やビデオがiCloud写真にアップロードされなくなったりします。そのようなときは、iCloudストレージプランをアップグレードして容量を増やしましょう（Sec.57参照）。家族と分け合えるプランもあるので、活用してみてください。

容量	料金（月額）
50GB	130円（税込）
200GB※	400円（税込）
2TB※	1,300円（税込）

※家族とストレージを分け合うことができます

iCloudが利用できるデバイス

iCloudは、iPhoneやiPad、Apple Watchといった Apple製品デバイスのほか、MacやWindowsパソコン、Apple TVといったデバイスで利用することができます。利用するデバイスによってiCloudを使うための条件が異なるので注意が必要です。なお、本書ではiPhone 11（iOS 14.4）、Mac（macOS Big Sur 11.2）、Windows（Windows 10）を使用して解説しています。

iPhone／iPod touch／iPad／Apple Watch

最小システム条件はiOS 5以上です。iOSのアップデートは、「設定」アプリから行います。

Windows

Windows 7以降のOSを搭載したパソコンに、「Windows用iCloud」をインストールする必要があります。

Mac

Mac OS X Lion 10.7.5以降のOSを搭載したMacに対応しています。macOSのソフトウェアアップデートは、MacのApp Storeから行います。

Apple TV

Apple TVソフトウェア 5以降を搭載したApple TVに対応しています。Apple TVでは、iCloud写真や共有アルバム、ファミリー共有などの一部の機能が利用できます。

iCloudで利用できる主なサービス

iCloudの基本機能はデータの同期や保存ですが、データの種類や利用法などによってサービス名称や機能が異なります。ここでは、iCloudで利用できる主なサービスと機能の概要を紹介します。詳しい設定や利用法は、Chapter 2以降をご覧ください。

iCloudの機能と主なサービス名

iCloudのアカウントを設定すると、メール、連絡先、写真、カレンダー、Safariのブックマークなど、さまざまなデータを自動的に保存してくれます。iCloudが利用できるアプリは、P.29手順⑤～⑥で確認できます。また、App StoreからiCloudに対応したアプリをインストールすると、アプリの各種データをiCloud上で共有することも可能になります。

●iCloud写真

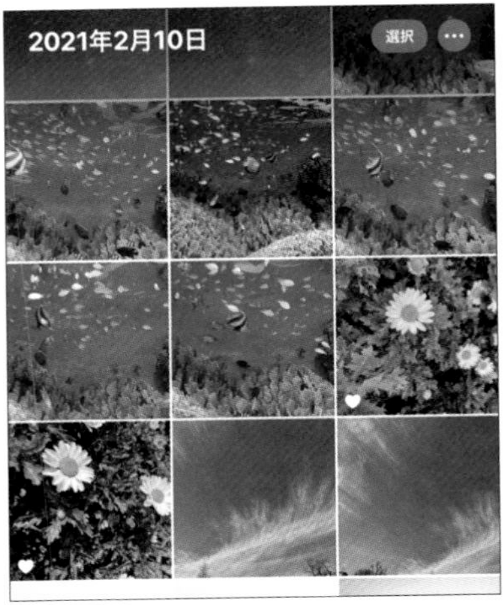

「iCloud写真」は、撮影した写真や動画を自動的にiCloudに保存するサービスです。保存された写真はほかの端末などからも閲覧できます。このサービスは初期設定で有効になっており、iCloudストレージの容量がいっぱいになるまで（無料プランでは5GB）保存が可能です。また、写真を友だちと共有する「iCloud共有アルバム」機能もあります。

iCloud Drive

「iCloud Drive」は、iCloudのクラウドストレージ機能です。iCloud Driveに保存できるファイル形式に制限はなく、PDFファイルや文書ファイルなども保存できます。

iCloudバックアップ

「iCloudバックアップ」では、デバイス内のデータをiCloud上にバックアップしておくことができます。バックアップはデバイスがWi-Fiに接続されたときに自動で行われます。

ファミリー共有

「ファミリー共有」では、写真やカレンダーなどのデータのほか、App StoreやiTunes Storeで購入したコンテンツなどを、家族6人まで共有することができます。

探す

「探す」アプリを使用すると、デバイスを紛失してしまったりどこかに置き忘れてしまったりしたときに、場所の追跡や個人情報などのデータを保護してくれます。

iPhoneで Apple IDを登録する

Apple IDは、Appleの製品やサービスに共通で利用できるIDで、iCloudを利用する際にもこのIDを使ってサインインします。ここでは、iPhoneからApple IDを取得する方法を紹介します。なお、Apple IDは既存のメールアドレスでも作成が可能です。

Apple IDを新規作成する

1 ホーム画面で＜設定＞をタップします。

2 「設定」画面が表示されるので、＜iPhoneにサインイン＞をタップします。

3 ＜Apple IDをお持ちでないか忘れた場合＞をタップします。

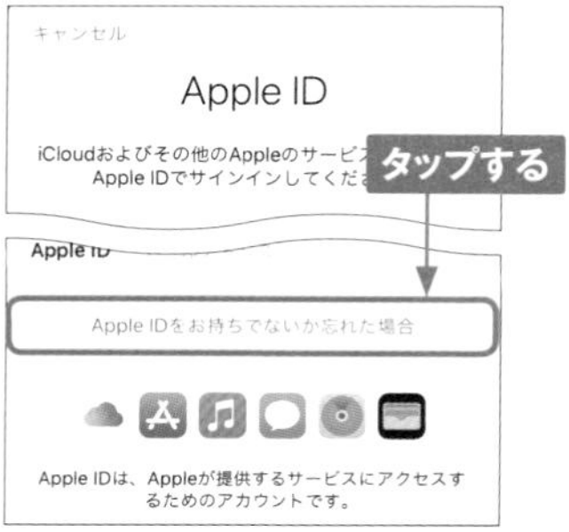

4 ＜Apple IDを作成＞をタップします。

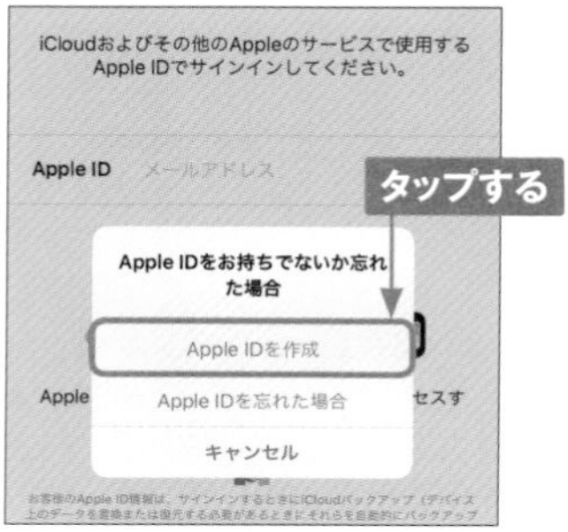

5 「姓」と「名」を入力し、生年月日を上下にスワイプして設定して、<次へ>をタップします。

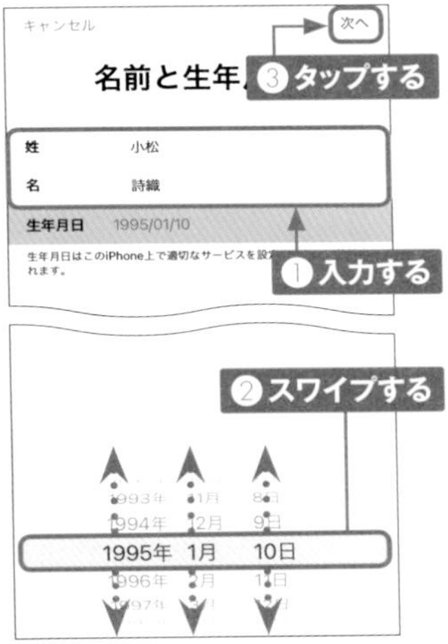

6 メールアドレスをApple IDとして設定します。ここでは<メールアドレスを持っていない場合>をタップして、新規に作成します。なお、既存のメールアドレスでApple IDを作成することもできます。

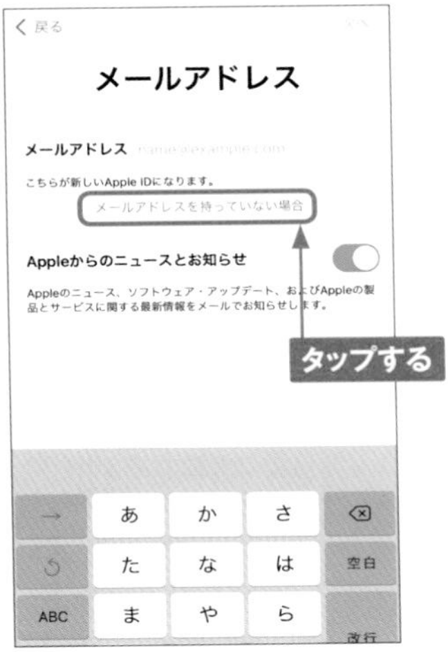

7 <iCloudメールアドレスを入手する>をタップします。

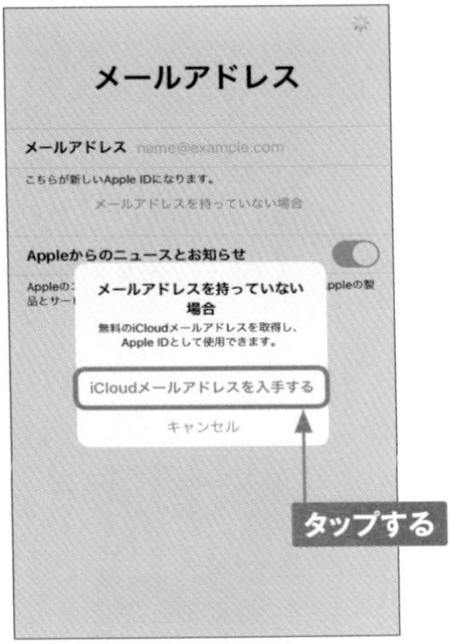

8 「メールアドレス」に希望するメールアドレスを入力し、<次へ>をタップします。なお、Appleから製品やサービスに関するメールが不要な場合は、「Appleからのニュースとお知らせ」のをタップして にしておきます。

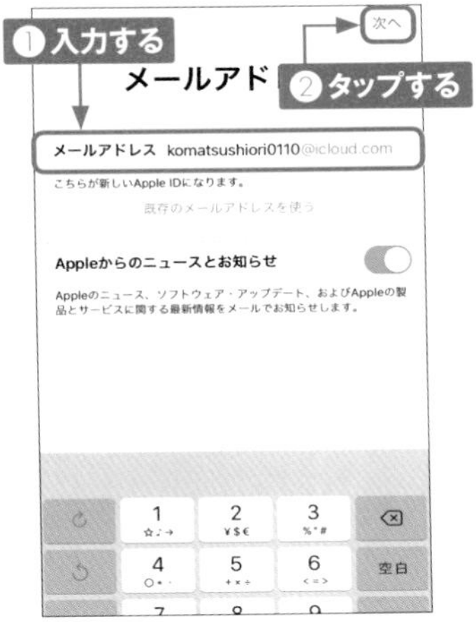

9 <メールアドレスを作成>をタップします。

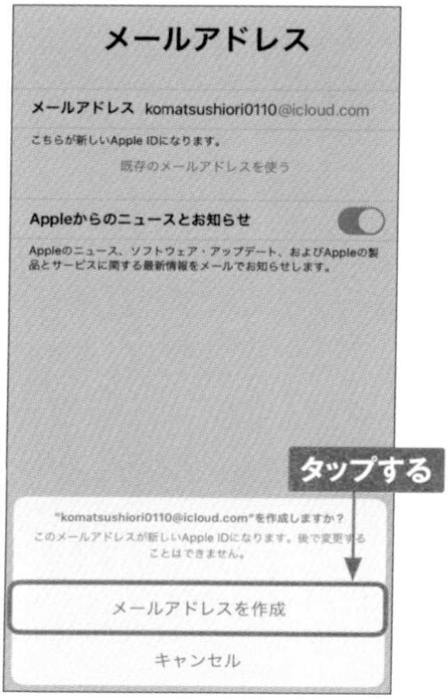

10 「パスワード」と「確認」に同じパスワードを入力し、<次へ>をタップします。

11 本人確認（2ファクタ認証）に使用する電話番号を確認し、<続ける>をタップします。

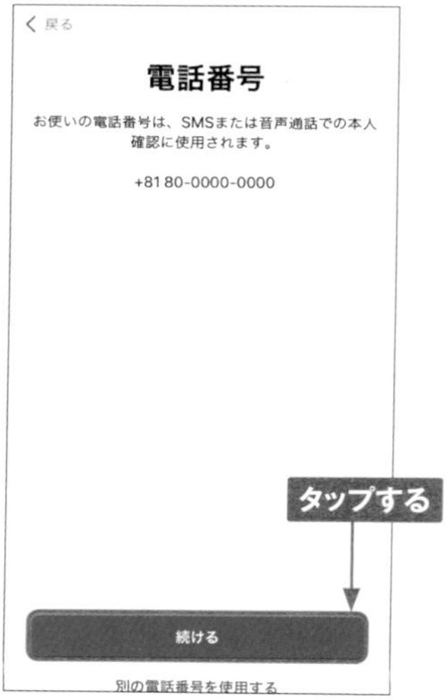

12 「利用規約」画面が表示されるので、内容をよく読み、問題なければ<同意する>をタップします。

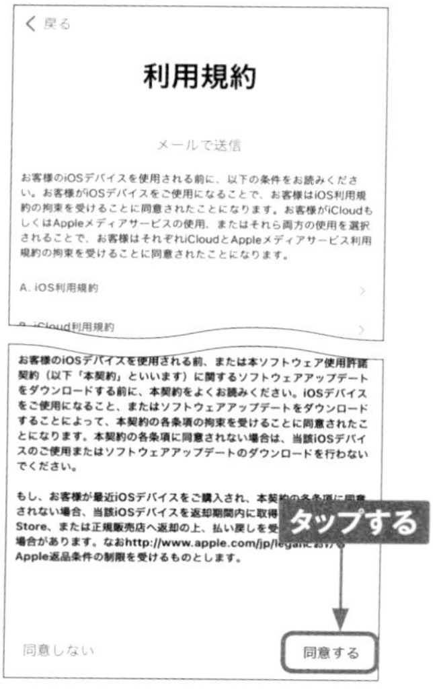

13 確認画面が表示されるので、<同意する>をタップします。

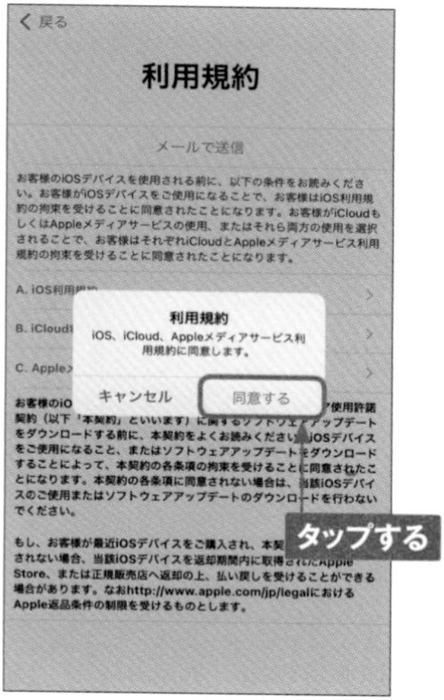
戻る
利用規約
メールで送信
お客様のiOSデバイスを使用される前に、以下の条件をお読みください。お客様がiOSデバイスをご使用になることで、お客様はiOS利用規約の拘束を受けることに同意されたことになります。お客様がiCloudもしくはAppleメディアサービスの使用、またはそれら両方の使用を選択されることで、お客様はそれぞれiCloudとAppleメディアサービス利用規約の拘束を受けることに同意されたことになります。
利用規約
iOS、iCloud、Appleメディアサービス利用規約に同意します。
キャンセル
同意する
Store、または正規販売店へ返却の上、払い戻しを受けることができる場合があります。なおhttp://www.apple.com/jp/legalにおけるApple返品条件の制限を受けるものとします。
タップする

14 Apple IDが作成されます。パスコードを設定している場合は、パスコードを入力します。

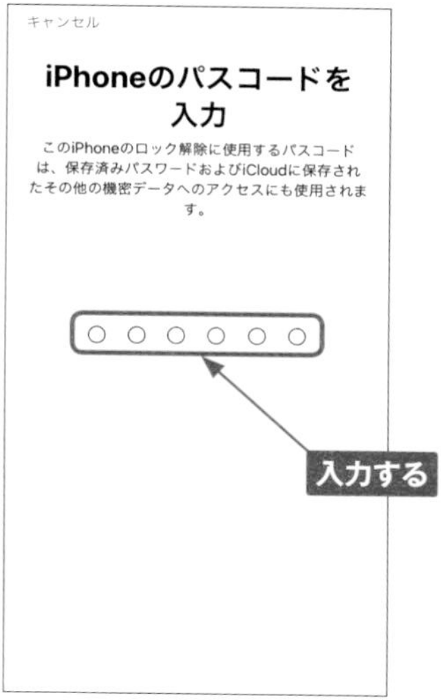
キャンセル
iPhoneのパスコードを入力
このiPhoneのロック解除に使用するパスコードは、保存済みパスワードおよびiCloudに保存されたその他の機密データへのアクセスにも使用されます。
入力する

15 設定が完了します。

設定
Apple ID
小松詩織
komatsushiori0110@icloud.com
名前、電話番号、メール
パスワードとセキュリティ
支払いと配送先
なし
サブスクリプション
iCloud
メディアと購入
探す
ファミリー共有
詳しい情報
iPhone
このiPhone 11

MEMO iPhoneの初期設定時にApple IDを設定する

iPhoneを初めて起動したときは、使用言語の選択やWi-Fi接続などの初期設定を行う必要があります。このときにApple IDの新規作成や登録ができます。作成の手順は、ここで紹介した流れとほぼ同じです。また、パソコンで設定する場合は、Windowsではi Tunes（Sec.06参照）、Macでは「システム環境設定」の「iCloud」から新規にApple IDを取得することができます（Sec.13参照）。

Apple IDに支払い情報を登録する

iCloudストレージを購入するには、Apple IDに支払い情報を登録しておく必要があります。ここでは、iPhoneにクレジットカードを登録する方法を紹介します。なお、登録した支払い情報はいつでも編集や削除が可能です。

クレジットカードを登録する

① ホーム画面で＜設定＞→＜自分の名前＞の順にタップします。

② ＜支払いと配送先＞をタップします。

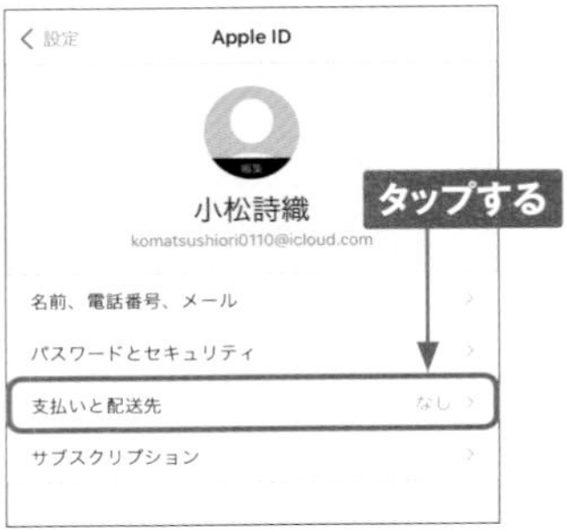

③ 「お支払い方法」の＜お支払い方法を追加＞をタップします。

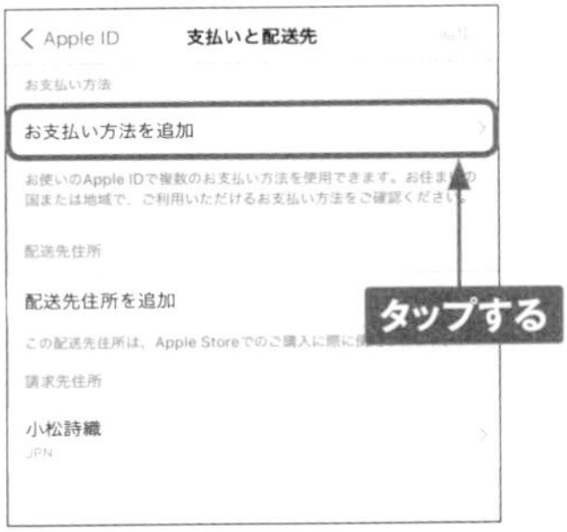

MEMO そのほかの支払い方法

iCloudサービスの利用で支払いが必要なのは、iCloudストレージの購入だけです。支払いにはクレジットカードのほか、iTunes CardなどでチャージしたiTunes Storeクレジットも利用できますが、ストアクレジットを利用する場合でも、クレジットカードが登録されている必要があります。

4 ＜クレジット／デビットカード＞をタップしてチェックを付け、カード情報を入力します。

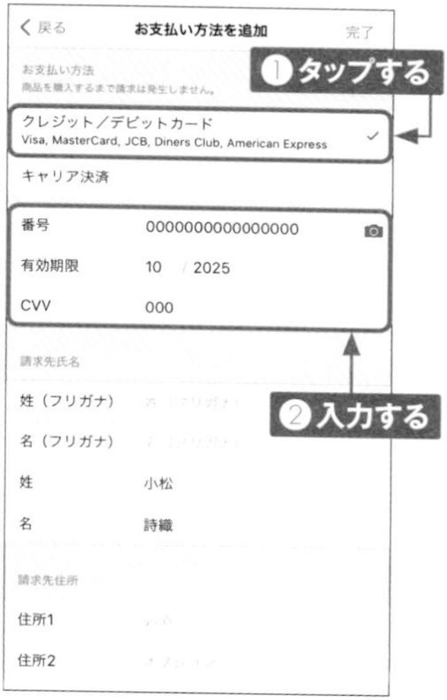

5 「請求先氏名」を入力します。

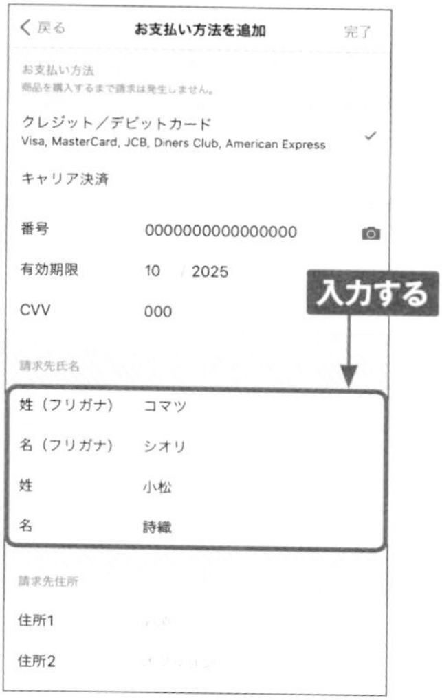

6 「請求先住所」を入力し、＜完了＞をタップします。

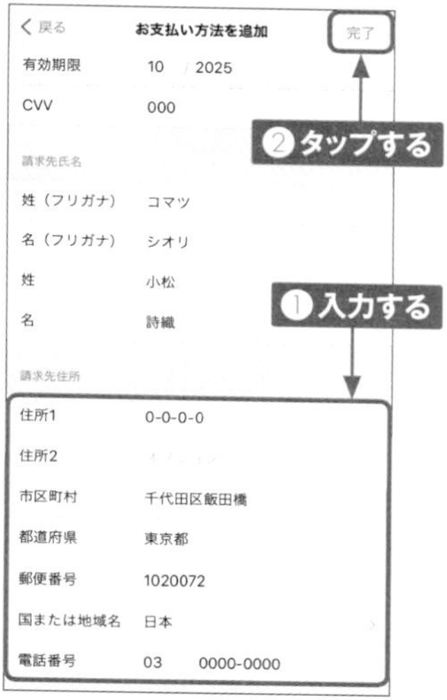

7 登録が完了します。

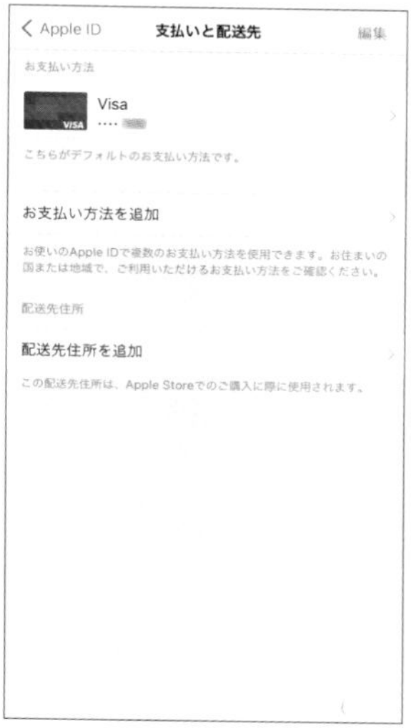

Section 06

Application

iTunesで Apple IDを作成する

iCloudを利用するには、Apple製品共通で利用できるApple IDを登録する必要があります。ここでは、Windows 10のiTunesからApple IDを作成する方法を紹介します。Macからの作成も基本的に同様の手順で登録可能です。

iTunesをインストールする

① Webブラウザ（ここでは「Microsoft Edge」）で「https://www.apple.com/jp/itunes/」にアクセスし、＜Get it from Microsoft＞をクリックします。

iTunes
Microsoft Storeで最新バージョンを
ダウンロードできます。
最新のエンターテインメントアプリケーションはmacOS Catalinaと一緒にインストールされます。
だから今すぐアップグレードするだけで、Macユーザーはお気に入りの音楽、映画、Podcastを
思いのままに楽しめます。Apple Musicのメンバーにもなれるので、7,000万曲以上を
ストリーミングしたり、ダウンロードしてオフラインで再生できます。広告は一切ありません。
Windows用のiTunes
Get it from
Microsoft

クリックする

② 「サインアップする」画面が表示されたら、× をクリックして閉じます。

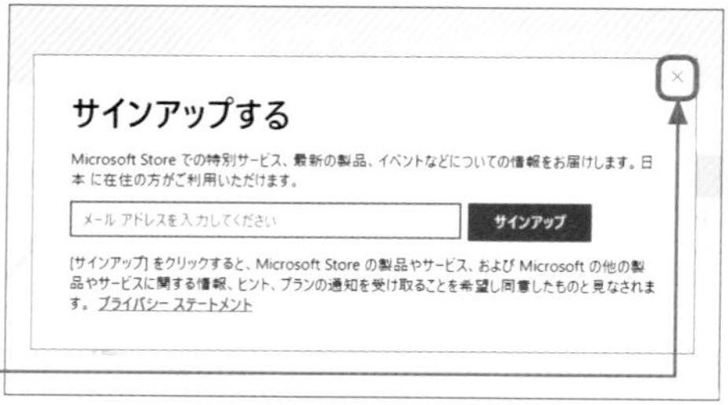
サインアップする
Microsoft Store での特別サービス、最新の製品、イベントなどについての情報をお届けします。日本 に在住の方がご利用いただけます。
メール アドレスを入力してください
サインアップ
[サインアップ] をクリックすると、Microsoft Store の製品やサービス、および Microsoft の他の製品やサービスに関する情報、ヒント、プランの通知を受け取ることを希望し同意したものと見なされます。プライバシー ステートメント

クリックする

③ ＜入手＞をクリックし、＜開く＞をクリックします。

ps://www.microsoft.com/ja-jp/p/itunes/9pb2mz1zmb1s?cid=appledotcom&rtc=1&act...
同期していません
ホーム
このサイトは、Microsoft Store を開こうとしています。
https://www.microsoft.com では、このアプリケーションを開くことを要求しています。
www.microsoft.com が、関連付けられたアプリでこの種類のリンクを開くことを常に許可する
開く
キャンセル
iTunes
iTunes
無料+
入手
+ アプリ内購入が提供されています
iTunesは、音楽、ムービー、テレビ番組など、エンターテインメントに必要な
すべてのものを楽しんだり、簡単に整理しておくための、最も簡単な方法で

② クリックする

① クリックする

④ <入手>をクリックすると、ダウンロードが開始されます。

クリックする

⑤ ダウンロードが完了したら、<起動>をクリックします。

クリックする

⑥ 規約を確認し、<同意する>をクリックします。

クリックする

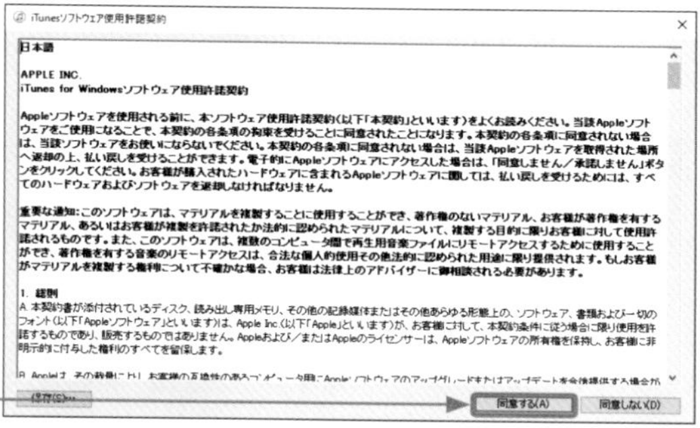

⑦ iTunesが起動します。<同意します>をクリックすると、初期設定が完了します。

クリックする

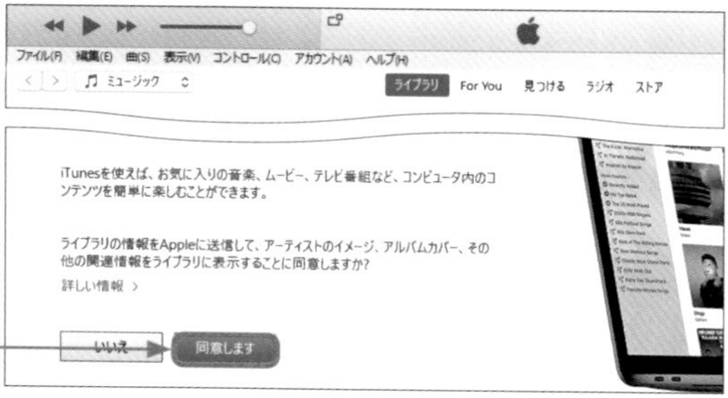

1

Apple IDを作成する

1 iTunesを起動し、＜ストア＞をクリックしたら、画面上部の＜アカウント＞をクリックします。

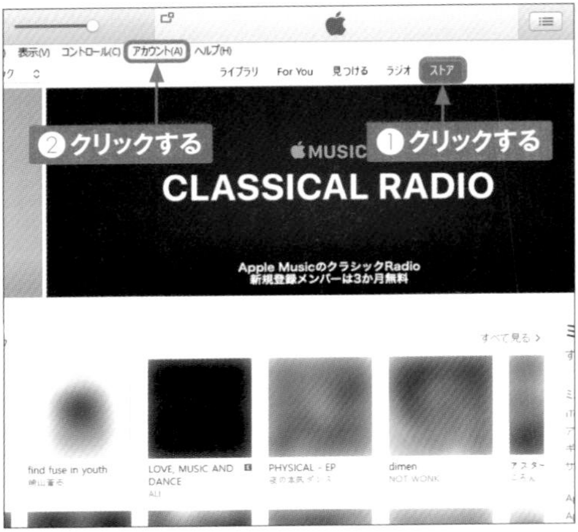

2 ＜サインイン＞をクリックします。

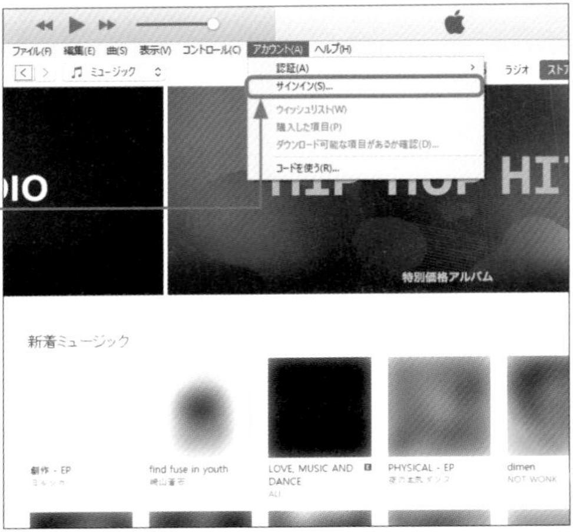

3 「iTunes Storeにサインイン」画面が表示されるので、＜Apple IDを新規作成＞をクリックします。

4 メールアドレスとパスワードを入力し、「利用規約」のチェックボックスをクリックしてチェックを付けたら、＜続ける＞をクリックします。

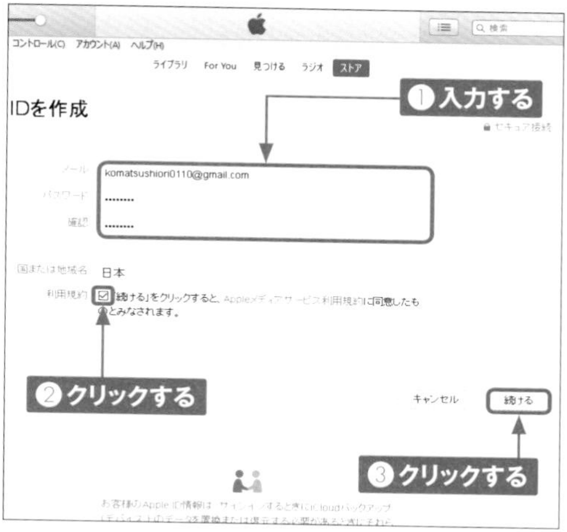

5 名前や生年月日を入力し、セキュリティ質問を設定したら、＜続ける＞をクリックします。

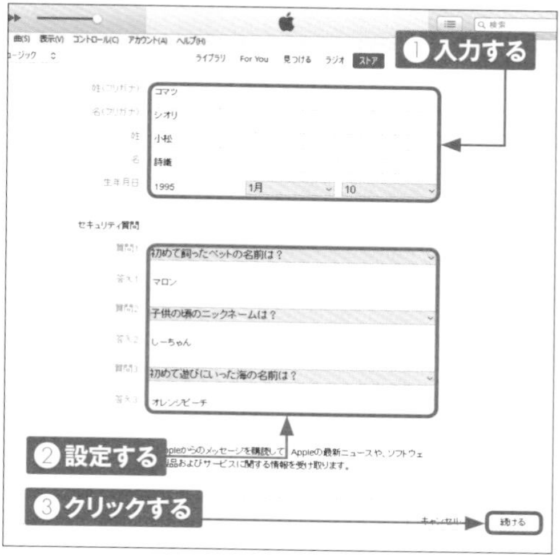

MEMO セキュリティ質問について

手順⑤で設定した3つの質問と答えはメモを取るなどして、忘れないようにしておきましょう。なお、入力された生年月日から計算して年齢が13歳未満のときは、年齢制限がかかり、Apple IDを作成することができないので注意が必要です。

6 支払い方法（ここでは「VISA」）をクリックして選択します。カード情報を入力し、請求先住所を入力したら、＜続ける＞をクリックします。

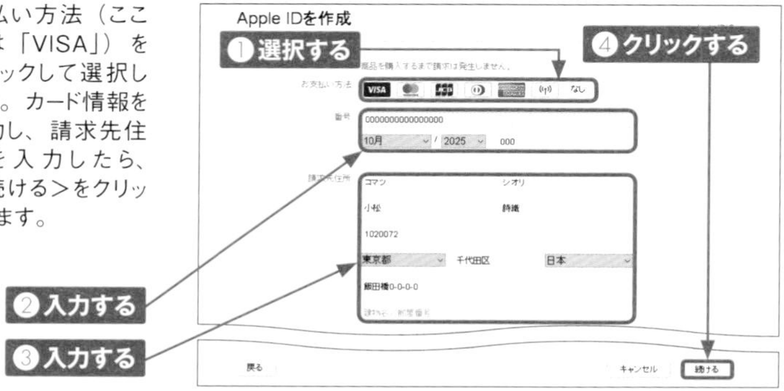

7 P.25手順④で入力したメールアドレス宛に確認コードが送信されるので、メール内に記載されている確認コードを入力し、＜確認＞をクリックします。

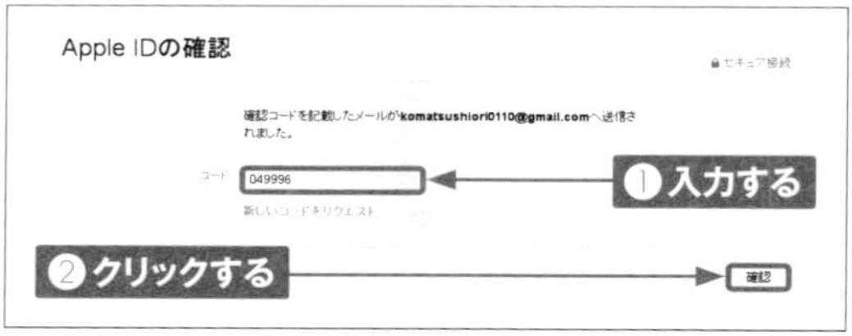

8 Apple IDの作成が完了します。＜続ける＞をクリックすると、iTunesのトップ画面に戻ります。

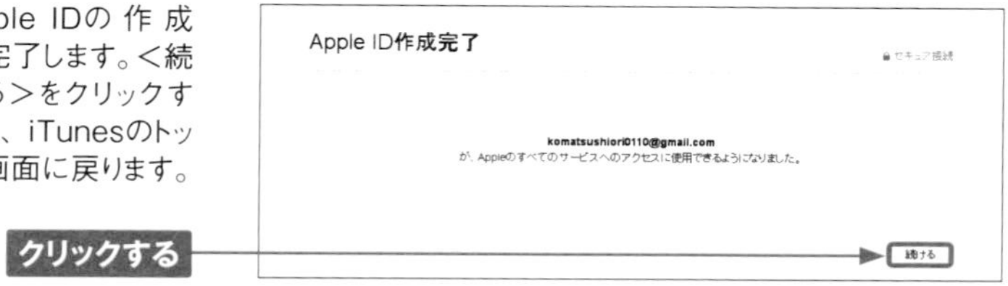

MEMO

クレジットカード情報を入力せずにApple IDを登録する

Apple IDは、クレジットカードの情報を入力せずに作成することもできます。支払い方法にクレジットカードを登録したくない場合は、手順⑥の画面で＜なし＞をクリックし、請求先住所を入力して、＜続ける＞をクリックしましょう。また、クレジットカードの情報を変更したい場合は、手順P.24手順②の画面で表示される＜マイアカウントを表示＞をクリックしてサインインし、＜お支払い方法を管理＞をクリックして、情報の変更または削除を行います。

Chapter 2

iPhone／iPadでiCloudを設定する

Section 07

iCloudを有効にする

iOS搭載デバイスでiCloudを利用するには、初めにiCloudを有効にする必要があります。iCloudでデータを同期することで、ほかのデバイスとの連携や機種変更時の設定がかんたんにできるようになります。

iPhone / iPadでiCloudを有効にする

1 ホーム画面で＜設定＞をタップします。

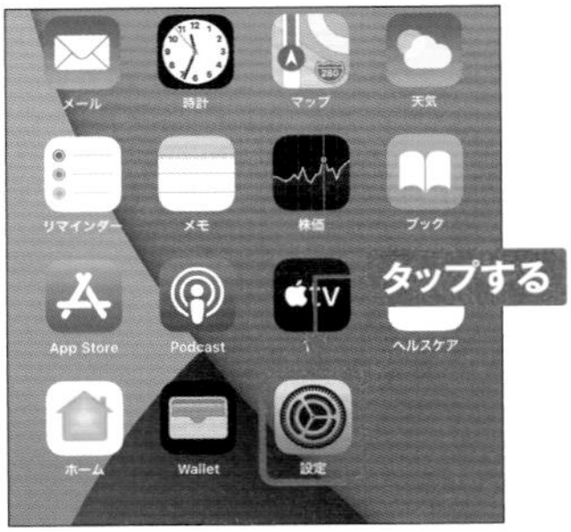

2 ＜iPhoneにサインイン＞をタップします。

3 Apple IDを入力して＜次へ＞をタップします。続けてパスワードを入力し、＜次へ＞をタップします。Apple IDを取得していない場合は、Sec.04を参考に作成します。

4 パスコードを設定している場合は、パスコードを入力します。

5 iCloudが有効となります。iCloudを確認したい場合は、<iCloud>をタップします。

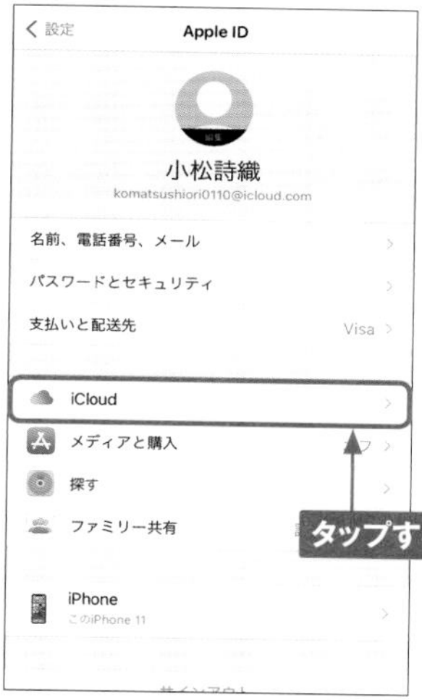

6 iCloudで有効になっているアプリなどを確認することができます（Sec.09参照）。

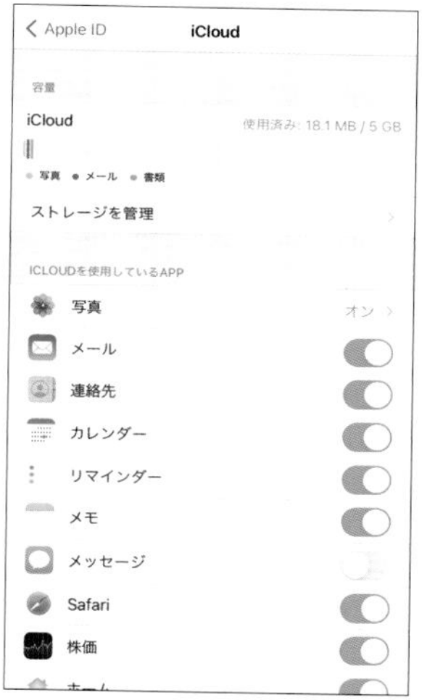

MEMO いつiCloudを設定する?

iOSやmacOSを搭載したデバイスの初回起動時にも、iCloudの有効化を設定できます。iCloudを使ったことがある場合は、新しいデバイスを初めて起動するタイミングでiCloudを設定することで、iCloudバックアップに保存したデータを同期してすぐに利用できるようになります（Sec.63参照）。

Section 08

iCloudの同期とバックアップの違い

iCloudの機能には、クラウドを使ったデータの同期とバックアップがあります。ここでは、iCloudの同期とバックアップの違いをiOSデバイスを例に解説します。それぞれの特徴について確認しましょう。

iCloudで同期する

iCloudの重要な機能の1つが「同期」です。たとえば、iPhoneの「カレンダー」に予定を入力すると、インターネット上にあるiCloudサーバに送信されます。クラウド上で更新されたカレンダーの予定は、iPadやパソコンなど同一のApple IDでiCloudにサインインしたすべてのデバイスに反映されるしくみです。

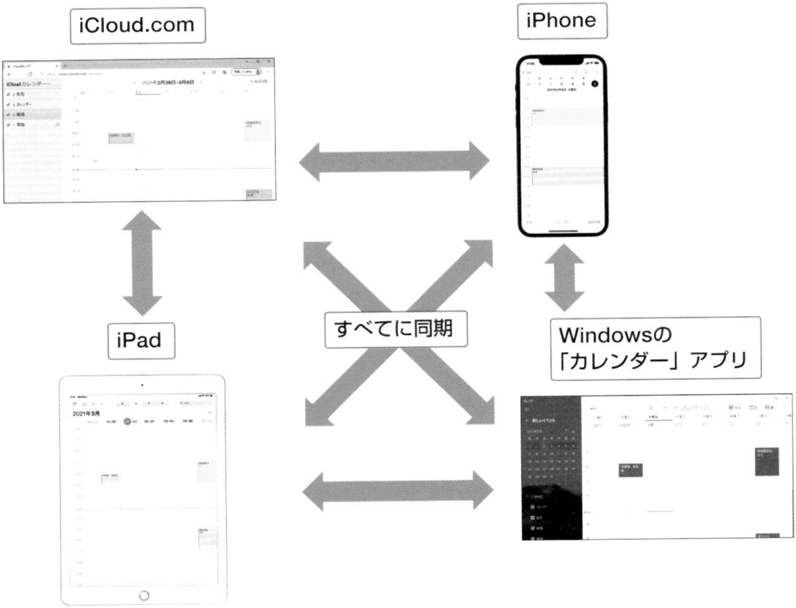

同じApple IDを設定して同期することで、どのデバイスやアプリで入力した予定であっても、すぐにすべてのデバイスやアプリに反映されます。

iCloudでバックアップする

iOSデバイスのバックアップは、iTunesで作成する方法とiCloudで作成する方法があります。Sec.62では、iCloudにバックアップを作成する方法を紹介します。なお、iCloudバックアップを有効にすると、電源とWi-Fiに接続中でロック状態のとき、バックアップが自動で作成されます。

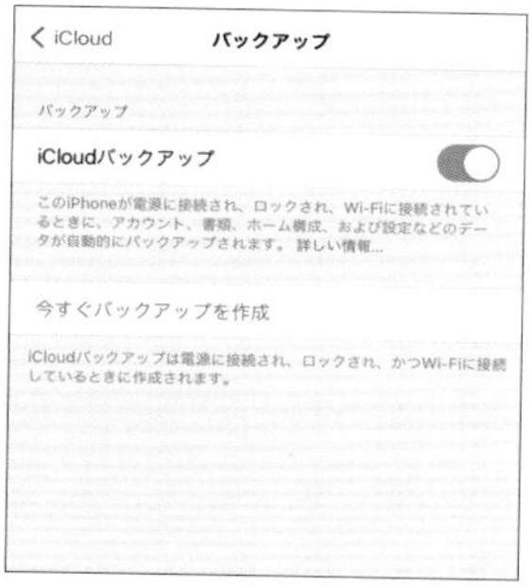

iOS搭載デバイスでバックアップを作成すると、iCloud上にバックアップが保存されます。

iPhoneやiPadをパソコンに接続すると、iTunesでバックアップを作成できます。

同期とバックアップの違い

同期とiCloudバックアップは、いずれもクラウドにデータを保存する点で似ていますが、同期が最新の情報だけを扱うのに対して、バックアップはバックアップした時点の状態を記録して、復元する際にどの時点の状態に戻すか選択が可能です（Sec.63参照）。なお、無料で利用できるiCloudのストレージ容量は5GBです。空き容量が少なくなるとバックアップできないことがあるので注意が必要です。

iCloudのストレージ容量は5GBまで無料で利用できます。容量は有料のストレージプランを選択することで、増やすことができます（Sec.57参照）。

Section 09

iCloudの設定項目を理解する

iCloudの設定は、基本的に同期の有効／無効の切り替えです。ここでは、iPhoneやiPadなどiOSを搭載したデバイスを使った同期の設定と、それぞれの項目が同期できる内容について解説します。

iCloudで設定できる項目

iCloudの設定は、「設定」アプリの「iCloud」から行います。iCloudの設定画面には、iCloud対応アプリと機能の一覧が表示されています。このリストに並ぶ項目から、アプリごとにほかのデバイスと情報を共有する同期の有効／無効や、機能の有効／無効を設定できます。なお、複数のデバイスを使用している場合は、デバイスごとに個別に設定することができます。

設定項目の有効／無効を切り替える

1 ホーム画面で＜設定＞→＜自分の名前＞→＜iCloud＞の順にタップします。

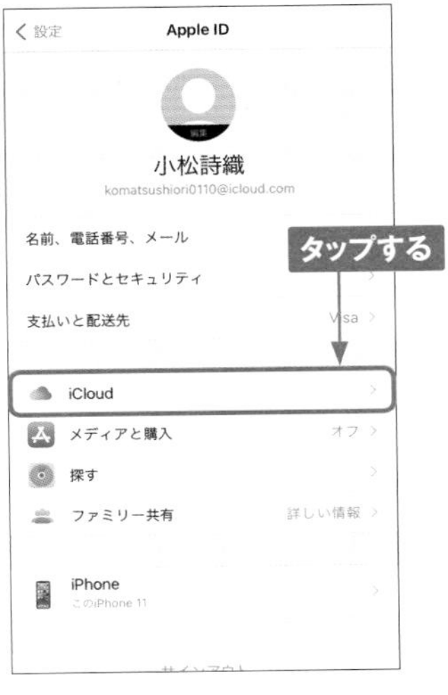

2 各項目の または をタップして、同期の有効／無効を切り替えます。

サービスごとの設定項目

●iCloud Drive

iCloud Driveの利用と保存したデータの同期の有効／無効を設定します。

●メール

iCloudメール（@icloud.com）をそのデバイスで使用する場合は有効にします。iCloudメールのアドレスを持っていない場合は、「メール」の をタップして作成します。

●写真

iCloudには、写真を共有するための機能が用意されています（Chapter 5参照）。それぞれの機能の有効／無効を設定します。

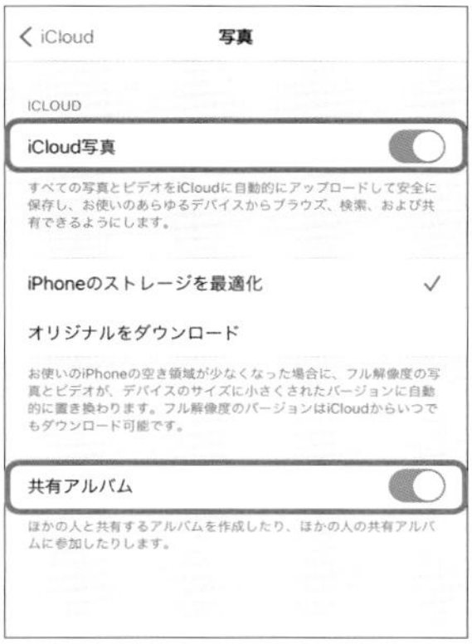

●連絡先

iCloudで連絡先の内容を同期します。機種変更などで新しいiOSデバイスに移行する際にも、同期することで連絡先の内容をそっくりそのまま引き継げます。

●カレンダー

カレンダーに登録した予定をiCloudで同期すると、別のデバイスで予定をチェックしたり、Webブラウザから予定を追加したりできます。

●リマインダー

リマインダーの同期を有効にすると、パソコンから設定した通知を外出先のiPhoneで受け取るといったことができます。WindowsではOutlookのタスクと連携できます。

●Safari

Safariの同期では、ブックマークを共有します。パソコンとiOSデバイスで、別々のブックマークを利用したい場合は同期を無効にしておきます。

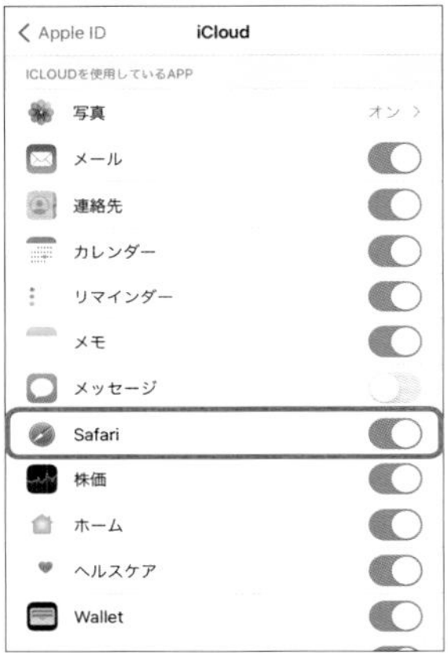

●メモ

メモの内容を同期します。iOS 9以上、またはMac OS X 10.11以上の「メモ」アプリは、それ以前のバージョンのOSとは互換性がないので注意が必要です。

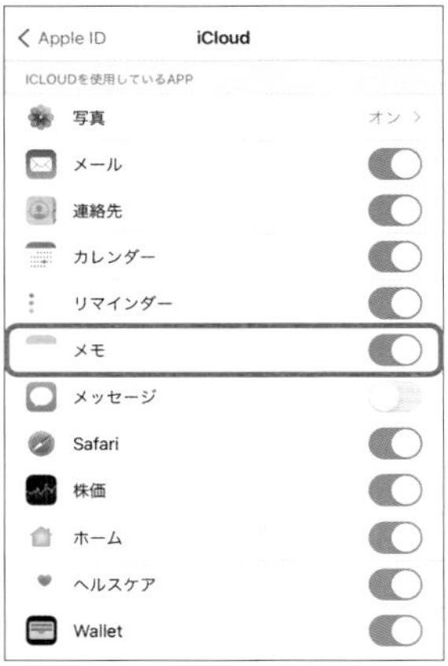

Wallet

クーポン券や飛行機の搭乗券などをまとめて保管するアプリです。内容を同期すれば、ほかのデバイスとの共有や、新しいデバイスへの引き継ぎがかんたんに行えます。

iCloudキーチェーン

Webサイトのログイン情報やWi-Fiパスワードなどを管理し、同期したほかのデバイスで自動入力をすることができます。

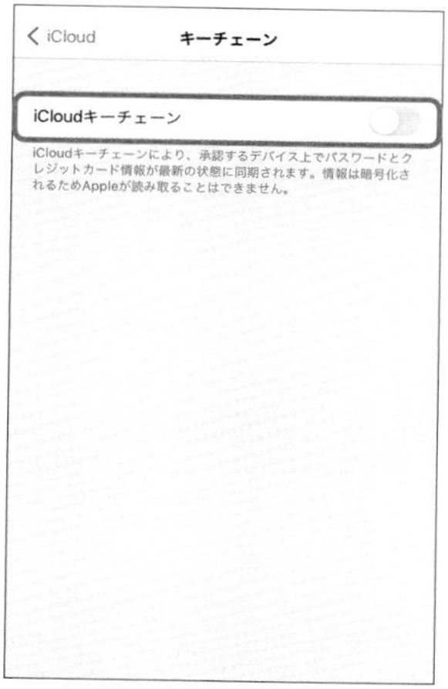

バックアップ

iCloudストレージによるバックアップの有効／無効を切り替えます（Sec.62参照）。手動でのバックアップもここで行います。

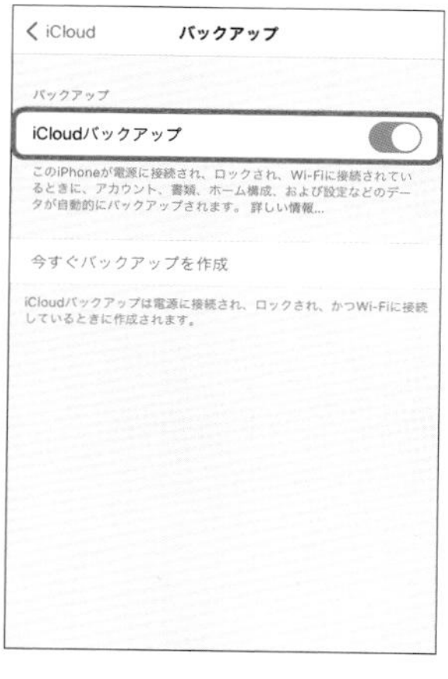

探す

iPhoneを紛失したときに、その所在を確認したり、データを消去したりといった遠隔操作ができます。通常、ほかのデバイスから操作するため、位置情報の共有が必須になります。

Section 10

Application

iCloudメールを利用する

iCloudメールは、iPhoneやiPadの「メール」アプリで使用することができます。初期設定で自動受信となっているので、携帯メールと同じ感覚で使用できます。また、iMessageの送受信アドレスにも利用できます。

iCloudメールを閲覧する

1 P.32手順②の画面で「メール」が有効になっていることを確認し、ホーム画面で＜メール＞をタップします。

2 iCloudのメールのみ閲覧したい場合は、＜メールボックス＞をタップします。

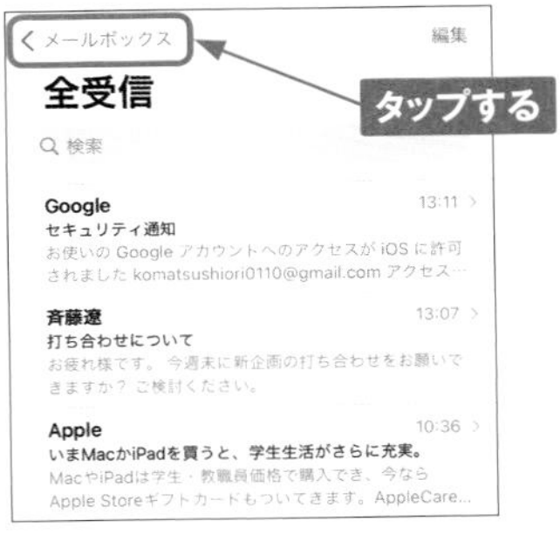

3 「メールボックス」画面で＜iCloud＞をタップします。

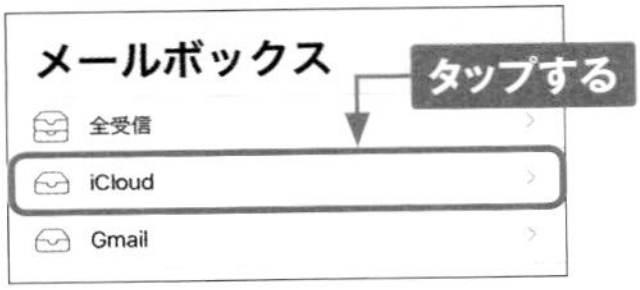

4 iCloudメールの受信メールが表示されます。任意のメールをタップします。

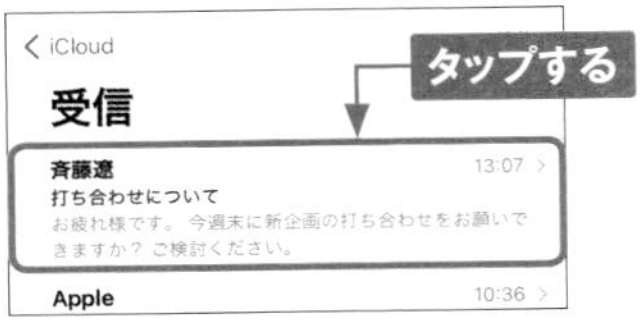

5 タップしたメールの内容が表示されます。

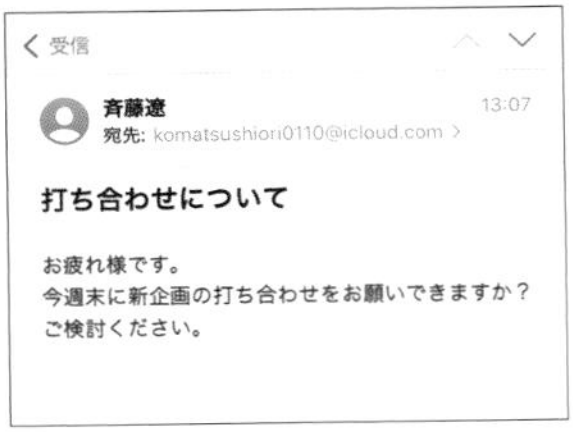

メールを送信する

1 ホーム画面で＜メール＞をタップします。

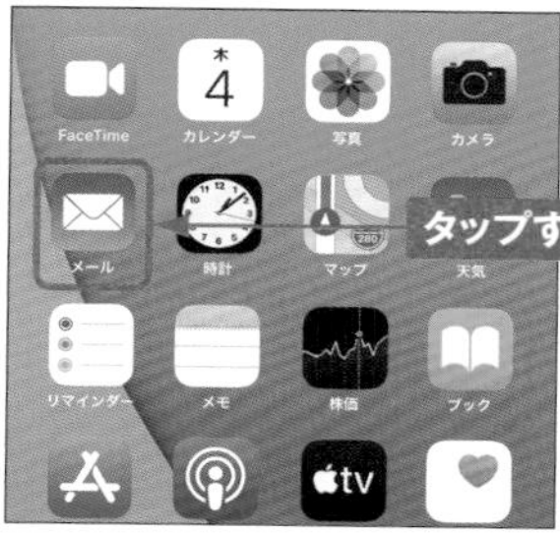

2 画面右下のをタップします。

3 「宛先」に送信したい相手のメールアドレスを入力します。「差出人」のアドレスがiCloudのメールアドレス以外になっている場合は、MEMOを参照し、iCloudのメールアドレスに変更します。

4 ＜件名＞と本文入力フィールドをタップし、それぞれ入力します。画面右上の↑をタップすると、メールが送信されます。

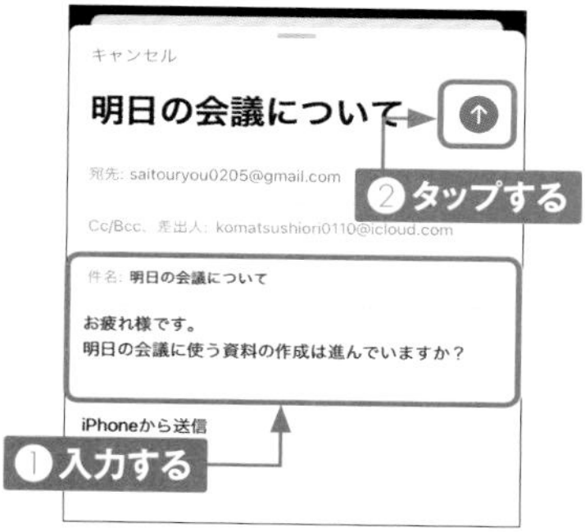

MEMO iCloudのアドレスをメールの送信者に指定する

複数のメールアカウントを設定しており、「差出人」のアドレスがiCloudのメールアドレス以外になっている場合は、送信者のメールアドレスをiCloudのアドレスに変更してメールを送信します。手順③の画面で＜Cc/Bcc, 差出人＞→＜差出人＞の順にタップし、iCloudのメールアドレスをタップします。

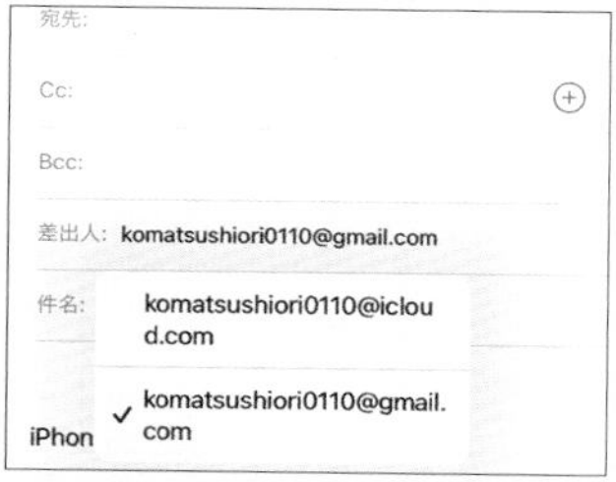

メールを返信する

1 メールに返信したいときは、P.36を参考に返信したいメールを表示し、画面下部にある⇦をタップします。

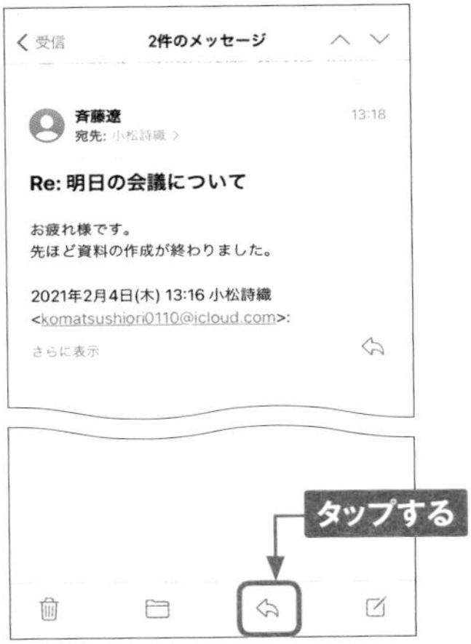

2 ＜返信＞をタップします。なお、＜転送＞をタップすれば、メールを転送できます。

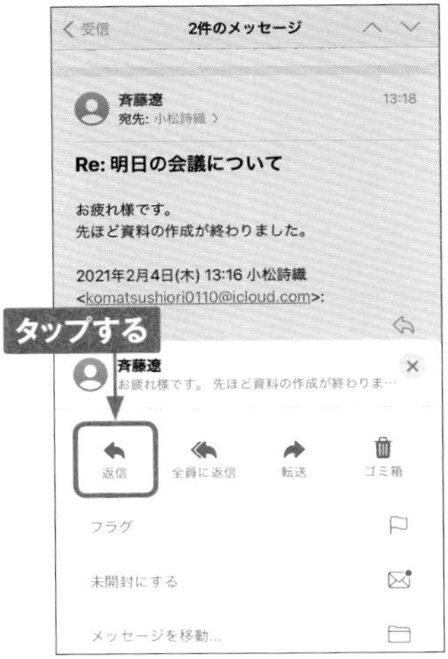

3 本文入力フィールドをタップし、メッセージを入力します。本文の入力が完了したら、⬆をタップします。相手に返信のメールが届きます。

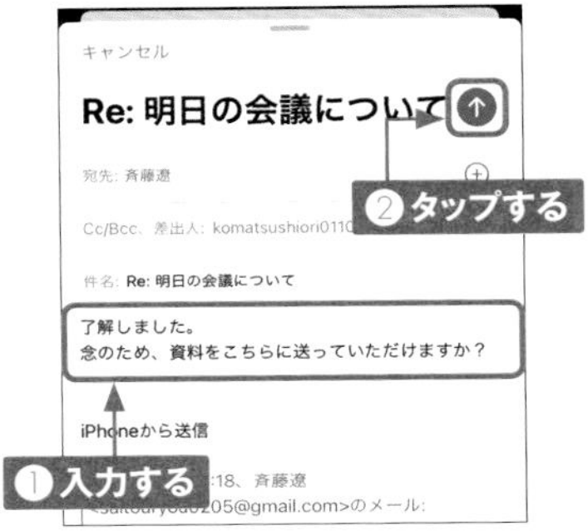

MEMO メールのリンク先を確認する

iPhone 6s以降のiPhoneでは、受信メールにWebページへのリンクが含まれている場合、リンクをタッチして押したままにするとWebページの上部がプレビュー表示され、アクセスせずにWebページの内容を確認することができます。また、プレビューをタップすることで、リンク先のWebページをSafariで表示することができます。

アドレスを連絡先に登録する

1 P.36を参考にメールを表示し、差出人の名前またはアドレスをタップします。

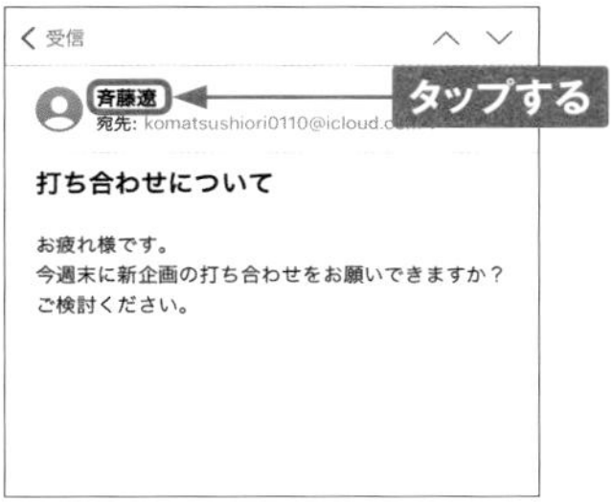

2 再度差出人の名前またはアドレスをタップします。

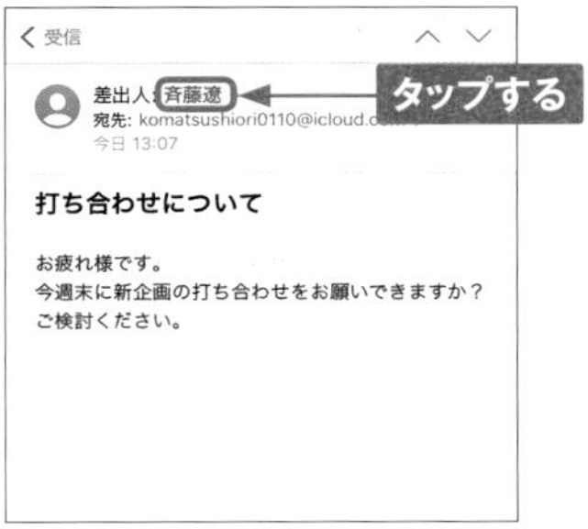

3 ＜新規連絡先を作成＞をタップします。

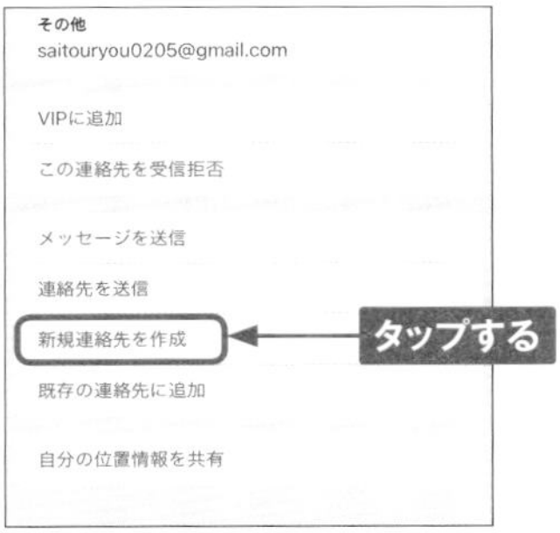

4 名前などの情報を入力し、＜完了＞をタップします。

5 ＜完了＞をタップします。

MEMO 既存の連絡先に追加する

手順③で＜既存の連絡先に追加＞をタップすると、すでに登録されている連絡先を選択して、情報を追加することができます。

iCloudメールを活用する

iCloudメールでは、写真や動画を添付して送信したり、受信した写真や動画を保存したりすることができます。送受信したメールが多くなってきたら、不要なメールを削除してiCloudメールの容量を増やしましょう。

写真や動画をメールに添付する

1 「メール」アプリを起動し、画面右下のをタップします。

2 宛先や件名、メールの本文内容を入力したら、本文入力フィールドをタッチします。

3 メニューが表示されるので、▶をタップして＜写真またはビデオを挿入＞をタップします。

4 ＜すべての写真＞をタップします。

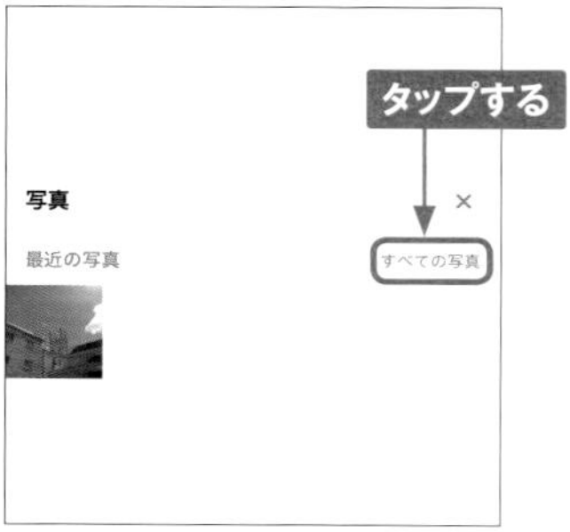

5 添付したい写真をタップします。

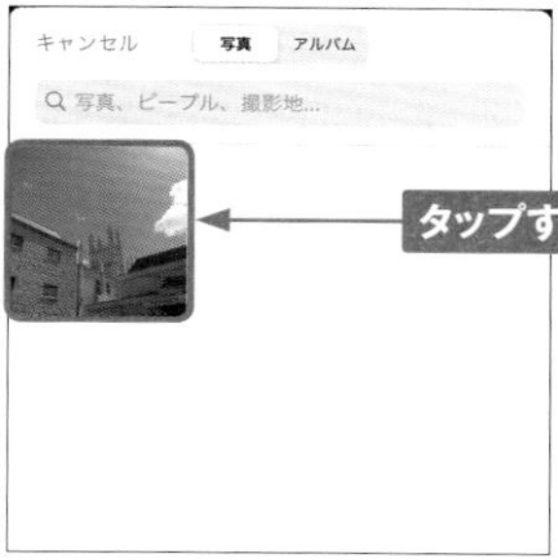

6 プレビュー画面が表示されるので、<選択>をタップします。

7 写真が添付されます。⬆をタップします。

8 写真のサイズが大きい場合は、サイズ変更のメニューが表示されます。任意のサイズをタップすると、メールが送信されます。

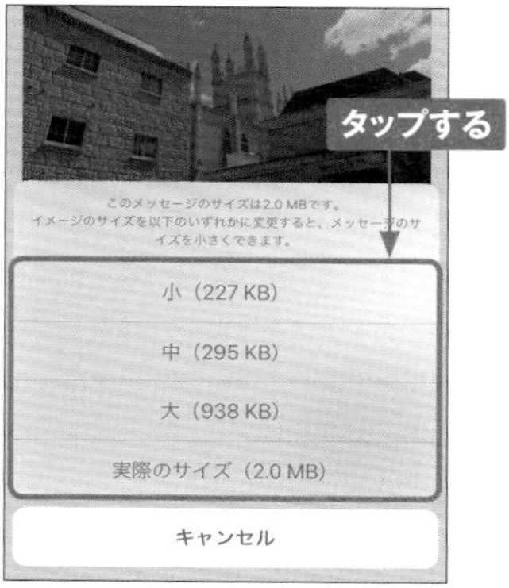

MEMO

Mail Dropを利用する

iCloudメールの添付容量は通常20MBまでですが、iCloud経由のMail Dropを利用することで、最大5GBまでのファイルを添付することができます。20MB以上の容量のファイルを添付して送信しようとすると、Mail Drop利用のダイアログが表示されます。<Mail Dropを使用>をタップすると、Mail Dropを利用してファイルを添付できます。

iCloudメールの容量を確認する

1 P.32手順①を参考に「設定」画面を表示し、＜自分の名前＞をタップします。

2 ＜iCloud＞をタップします。

3 ＜ストレージを管理＞をタップします。

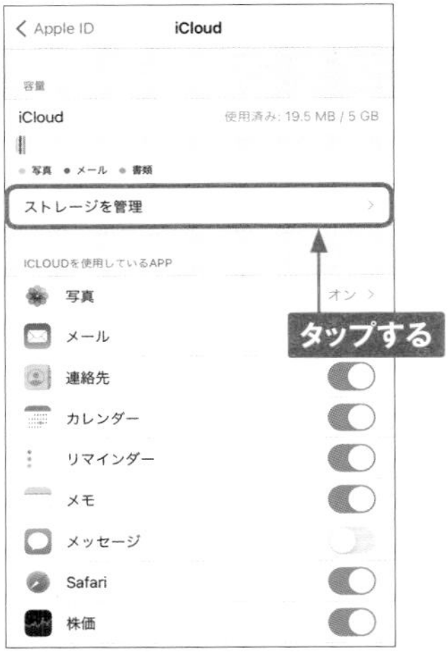

4 「メール」アプリで使用している容量が表示されます。

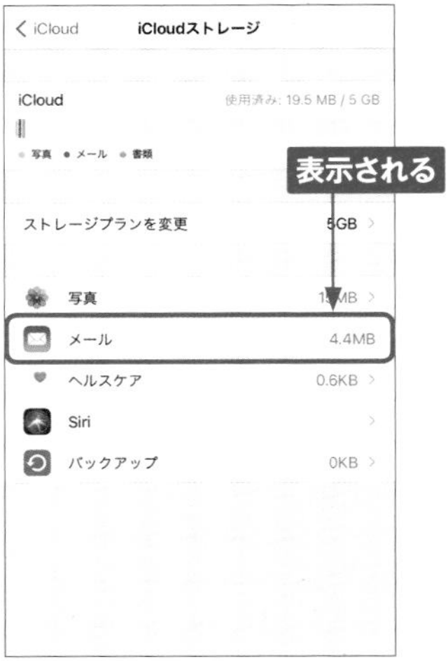

iCloudメールを削除する

●メールをゴミ箱に移動する

1 P.36手順①〜③を参考にiCloudの「受信」画面を表示し、削除したいメールを左方向にスワイプします。

2 <ゴミ箱>をタップすると、メールが「ゴミ箱」に移動します。

●ゴミ箱からメールを削除する

1 P.36手順③の画面で、「ICLOUD」の<ゴミ箱>をタップします。

2 左の手順①〜②と同様の手順で削除できます。なお、「ゴミ箱」からメールを削除すると、元に戻すことはできません。

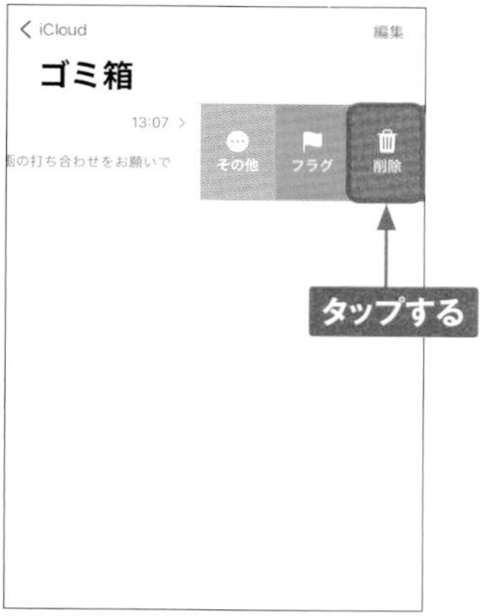

2

コンテンツの自動ダウンロードを有効にする

自動ダウンロードは、同じiCloudアカウントでサインインしているほかのデバイスで新規にインストールしたアプリや、購入したコンテンツを、自動でダウンロードする機能です。ダウンロードする項目は、種類ごとに選択が可能です。

自動ダウンロードを有効にする

●アプリの自動ダウンロードを有効にする

1 ホーム画面で＜設定＞→＜App Store＞の順にタップします。

2 「自動ダウンロード」の「App」の をタップして にすると、ほかのデバイスでインストールしたアプリがiPhoneでも同期されるようになります。

●ミュージックの自動ダウンロードを有効にする

1 ホーム画面で＜設定＞→＜ミュージック＞の順にタップします。

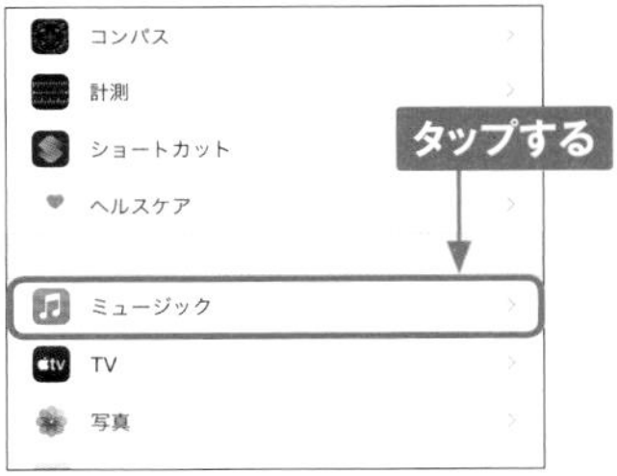

2 「ダウンロード」の「自動的にダウンロード」の をタップして にすると、ほかのデバイスで購入した音楽がiPhoneでも同期されるようになります。

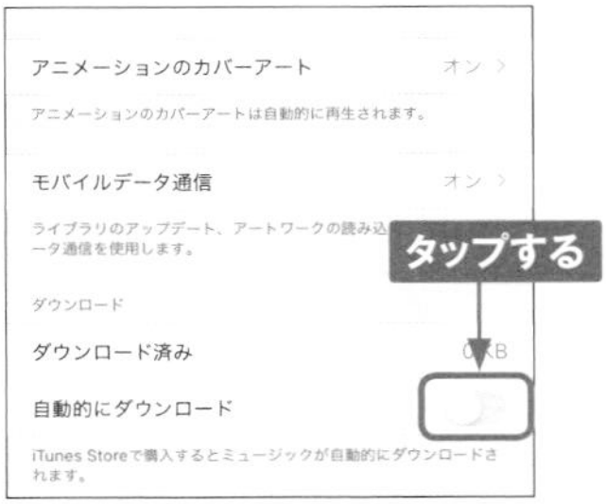

Chapter 3

MacでiCloudを利用する

Section 13

iCloudを有効にする

最新のmacOSには、初めからiCloudが組み込まれています。そのため、Macからサインインするだけで、すぐにフル機能のiCloudが利用できます。まずは、iCloudを有効にする設定を始めましょう。

iCloudの利用を開始する

1 Dockのをクリックして、「システム環境設定」アプリを起動します。

2 <サインイン>をクリックします。

3 Apple IDを入力して<次へ>をクリックし、パスワードを入力して<次へ>をクリックします。Apple IDを持っていない場合は、<Apple IDを作成>をクリックして新規IDを作成します。

4 Apple ID登録時に設定した2ファクタ認証を行うためのデバイスに通知された確認コードを入力します。

Apple ID
検索
••••••••••54 へ送信された確認コードを入力してください。
4 0 4 7 0 2
Apple ID
入力する
確認コードを受信されませんでしたか?
?
キャンセル
続ける

5 デバイス（iPhone）にパスコードを設定している場合は、パスコードを入力します。

Apple ID
検索
iPhone "iPhone"のロック解除に使用するパスコードを入力してください。
Apple ID、保存済みのパスワード、iCloudに保存されたその他のデータはこのパスコードによって保護されています。パスコードは暗号化されるためAppleが読み取ることはできません。
入力する
Apple ID
?
パスコードをお忘れですか?
キャンセル
続ける

6 位置情報の使用確認が表示されたら、＜許可＞をクリックします。位置情報を使用しない場合、＜キャンセル＞をクリックします。

Apple ID
"Macを探す"でこのMacの位置情報を使用することを許可しますか?
"Macを探す"はiCloudに含まれる機能で、紛失したMacの位置を特定したり、ロックしたり、データを消去したりできます。
キャンセル
許可
クリックする

3

iCloudコントロールパネルを開く

① Dockのをクリックして、「システム環境設定」アプリを起動します。

② 名前の横の<Apple ID>をクリックします。

③ 画面左のメニューから<iCloud>をクリックします。

④ iCloudコントロールパネルが表示されます。

iCloudコントロールパネルの見方

アカウントのセキュリティや支払い情報などの確認や設定ができます。

iCloudで同期できるデータの一覧です。チェックボックスで同期の有効／無効を切り替えます。

同じApple IDでサインインしているデバイスが表示されます。

iCloudで使用しているストレージ容量の確認と管理ができます。

MEMO　MacでiCloudからサインアウトする

MacでiCloudからサインアウトする場合は、iCloudコントロールパネルで＜概要＞をクリックし、＜サインアウト＞をクリックします。Mac上にiCloudのデータを残したい項目があればチェックを付け、＜コピーを残す＞をクリックします。次の画面でApple IDのパスワードを入力すると、サインアウトが完了します。

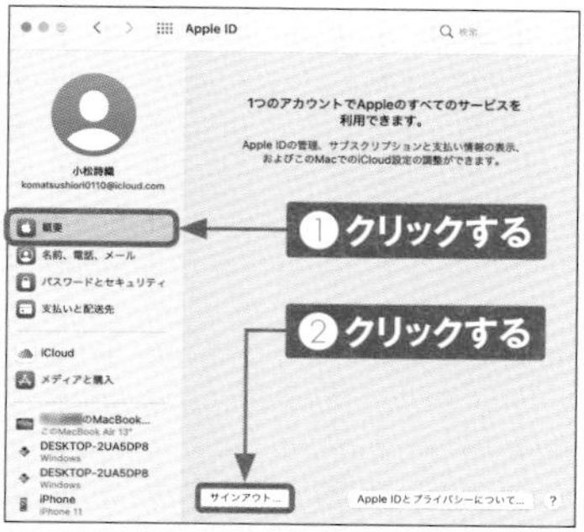

SafariからiCloudにアクセスする

iCloudは、iOSやmacOSに組み込まれた機能のほかに、Webブラウザから利用する方法があります。これにより、ほかのパソコンからでもインターネット環境があれば、iCloudのコンテンツが利用できます。

SafariからiCloud.comにアクセスする

1 Dockのをクリックして、「Safari」アプリを起動します。

2 「Safari」のアドレスバーに「https://www.icloud.com/」と入力してreturnを押します。「候補のWebサイト」にiCloud.comが表示されたら、候補をクリックしてもサイトが開きます。

3 Apple IDへのサインインを求める画面が表示されたら、<パスワードで続ける>をクリックします。

4 Apple IDのパスワードを入力し、<続ける>クリックします。

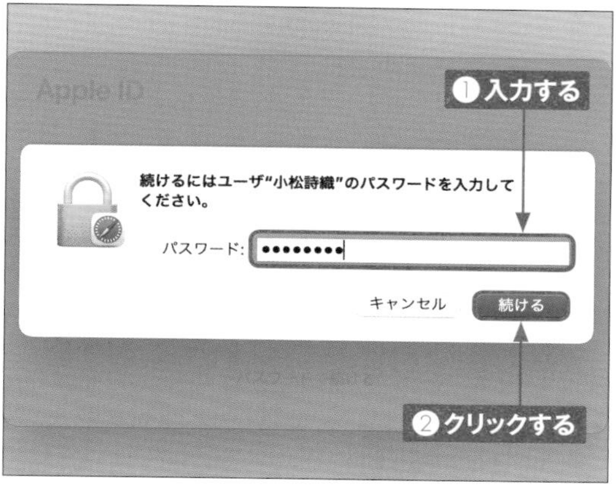

5 設定が完了して、iCloud.comのホーム画面が表示されます。アイコンをクリックすると、アプリを起動できます。

MEMO SafariでiCloudからサインアウトする

自分以外の人が利用する可能性のあるパソコンを使ってSafariなどのWebブラウザからiCloudにサインインした場合は、作業後に必ずサインアウトしておきましょう。手順⑤の画面右上のアカウント名をクリックし、<サインアウト>をクリックすると、サインアウトできます。

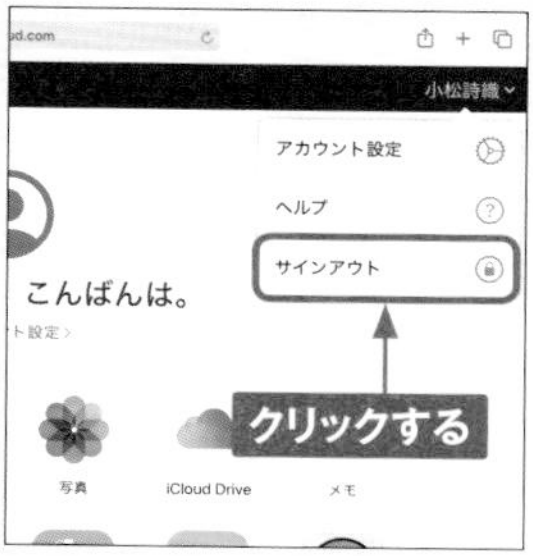

Section 15

Application

MacでiCloudメールを利用する

MacでiCloudメールを利用するには、「メール」アプリを利用します。ほかのデバイスで使用中のiCloudメールと同じアカウントを追加すれば、メールを同期して共有しながら利用できます。

メールを閲覧する

1. Dockの✉をクリックして、「メール」アプリを起動します。

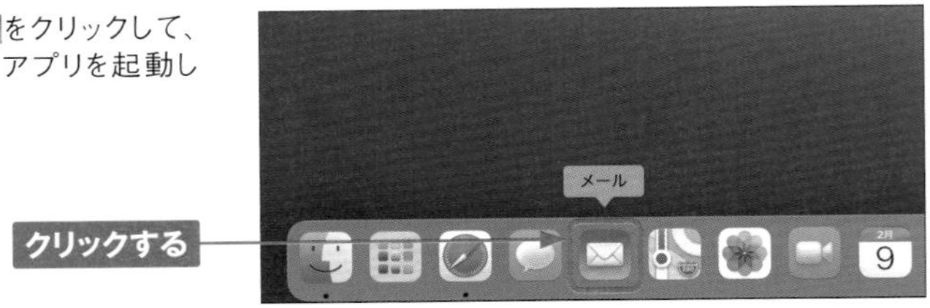

2. 閲覧したいメールをクリックします。

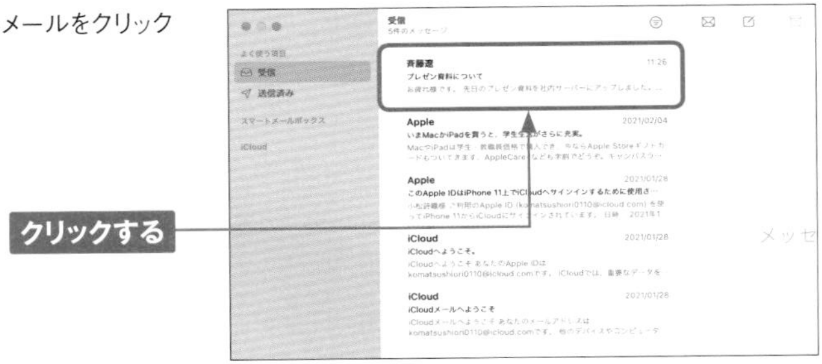

3. メールの内容が表示されます。

メールを作成する

1 Dockの✉をクリックして、「メール」アプリを起動します。

2 ☑をクリックします。

3 「宛先」に送信したい相手のメールアドレスを入力します。

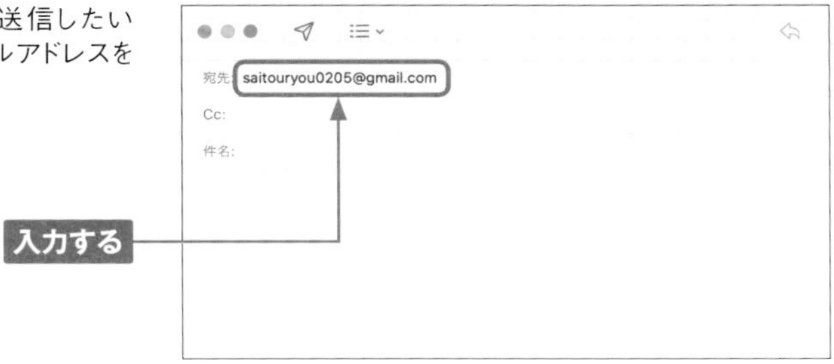

4 <件名>と本文入力フィールドをクリックし、それぞれ入力します。◁をクリックすると、メールが送信されます。

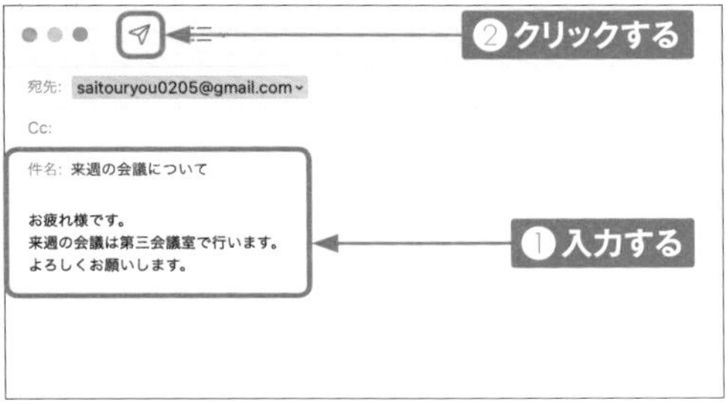

送信済みメールを確認する

① Dockのをクリックして、「メール」アプリを起動します。

② <送信済み>をクリックします。

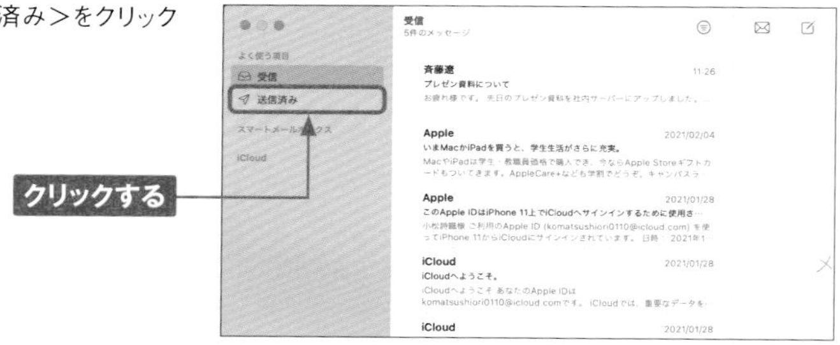

③ 確認したいメールをクリックします。

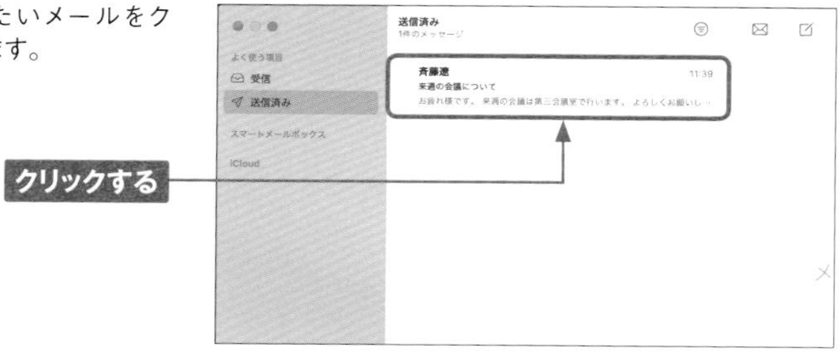

④ メールの内容が表示されます。

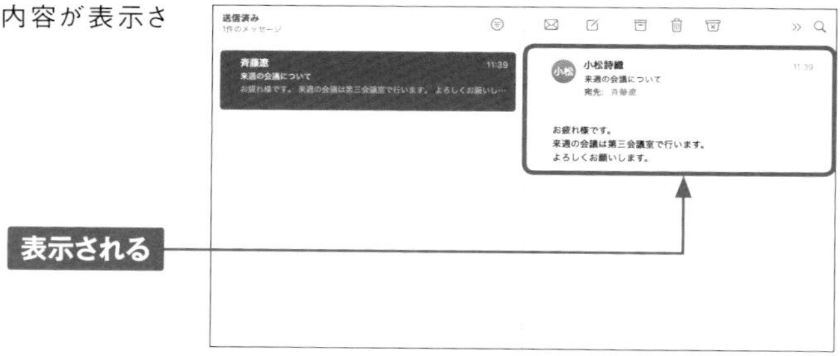

メールを返信する

① Dockの![]をクリックして、「メール」アプリを起動します。

② 返信したいメールをクリックします。

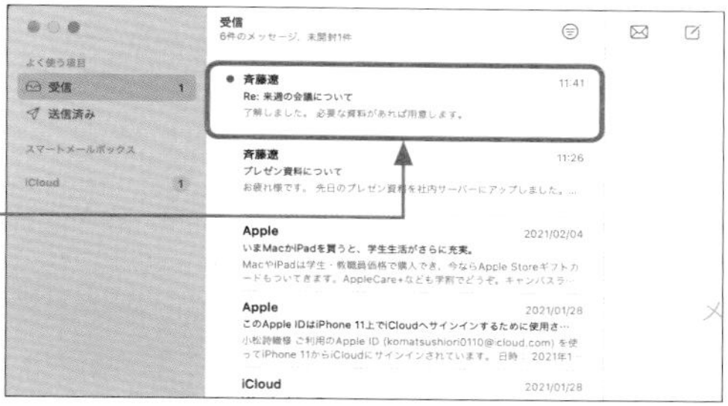

③ 返信したいメールにカーソルを置き、表示される⇦をクリックします。

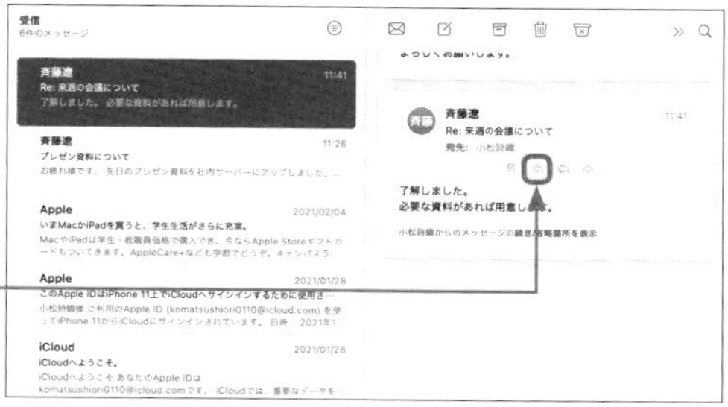

④ 本文入力フィールドにメッセージを入力し、◁をクリックします。

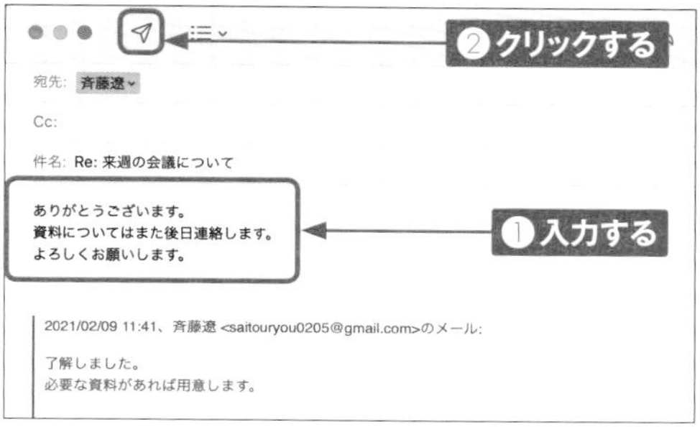

3

写真の共有や保存を有効にする

iPhoneで撮影、保存した写真をiCloudを介してMacやiPadなどほかのデバイスで同期するには、「iCloud写真」や「共有アルバム」の設定を有効にします。Macでは「写真」アプリを使用します。

iCloud写真を有効にする

1 Dockの をクリックして、「写真」アプリを起動します。

写真
クリックする

2 「“写真”の新機能」画面が表示されたら、<はじめよう>をクリックします。

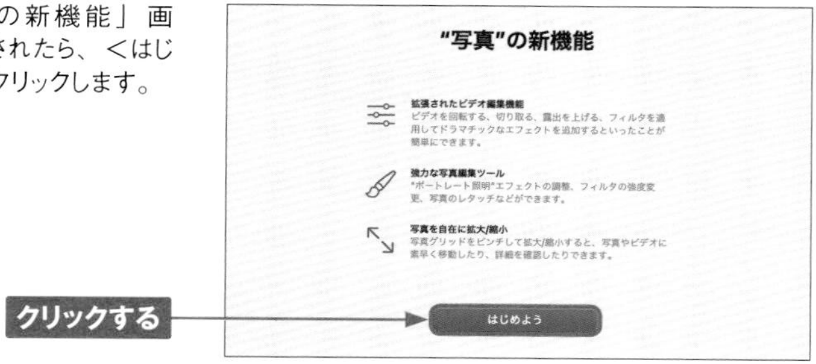
“写真”の新機能
拡張されたビデオ編集機能
ビデオを回転する、切り取る、露出を上げる、フィルタを適用してドラマチックなエフェクトを追加するといったことが簡単にできます。
強力な写真編集ツール
“ポートレート照明”エフェクトの調整、フィルタの強度変更、写真のレタッチなどができます。
写真を自在に拡大/縮小
写真グリッドをピンチして拡大/縮小すると、写真やビデオに素早く移動したり、詳細を確認したりできます。
はじめよう
クリックする

3 「iCloud写真」画面が表示されたら、<iCloud写真を使用>をクリックします。

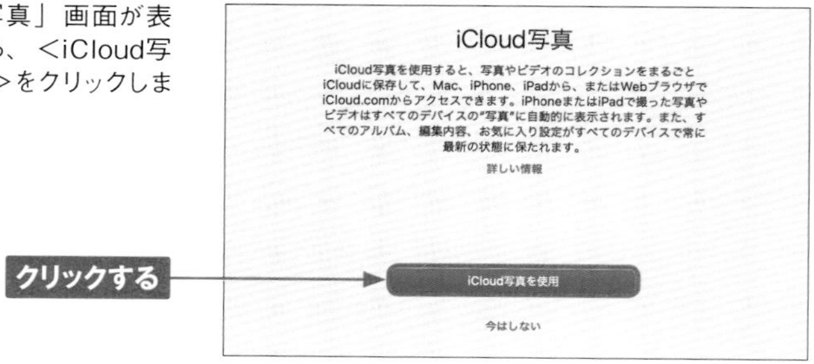
iCloud写真
iCloud写真を使用すると、写真やビデオのコレクションをまるごとiCloudに保存して、Mac、iPhone、iPadから、またはWebブラウザでiCloud.comからアクセスできます。iPhoneまたはiPadで撮った写真やビデオはすべてのデバイスの“写真”に自動的に表示されます。また、すべてのアルバム、編集内容、お気に入り設定がすべてのデバイスで常に最新の状態に保たれます。
詳しい情報
iCloud写真を使用
今はしない
クリックする

④ 写真が表示されます。

共有アルバムを有効にする

① 「写真」アプリを起動し、メニューバーで<写真>→<環境設定>の順にクリックします。

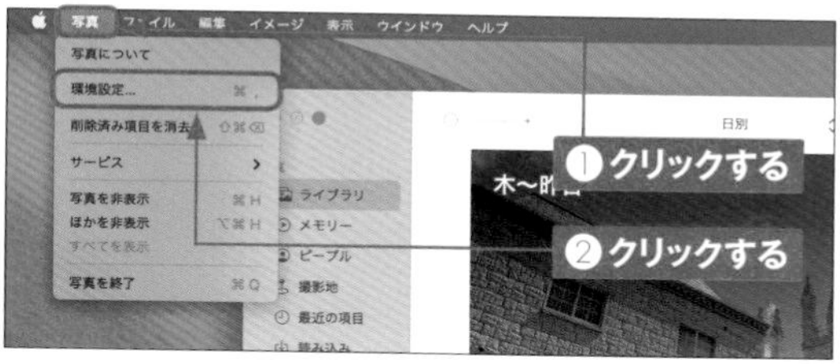

② <iCloud>をクリックします。

③ 「共有アルバム」のチェックボックスをクリックします。

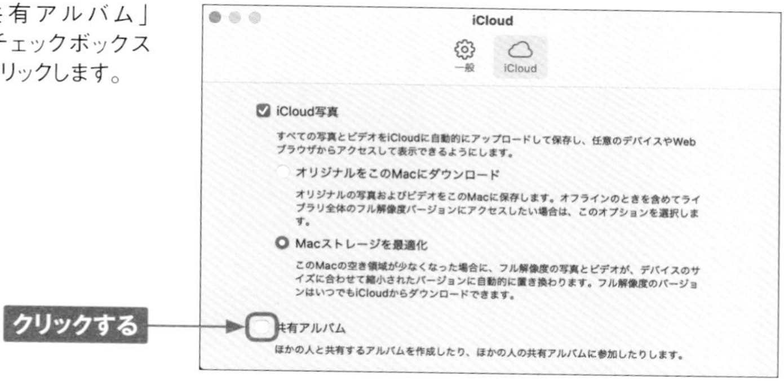

コンテンツの自動ダウンロードを有効にする

自動ダウンロードを有効にすると、iOSデバイスで新規に購入したコンテンツがMacに自動でダウンロードされます。この機能を利用するには、双方のデバイスで同一のApple IDでサインインすることと、コンピュータを認証する必要があります。

アプリの自動ダウンロードを有効にする

1 Dockのをクリックして、「App Store」アプリを起動します。

2 画面左下の＜サインイン＞をクリックします。

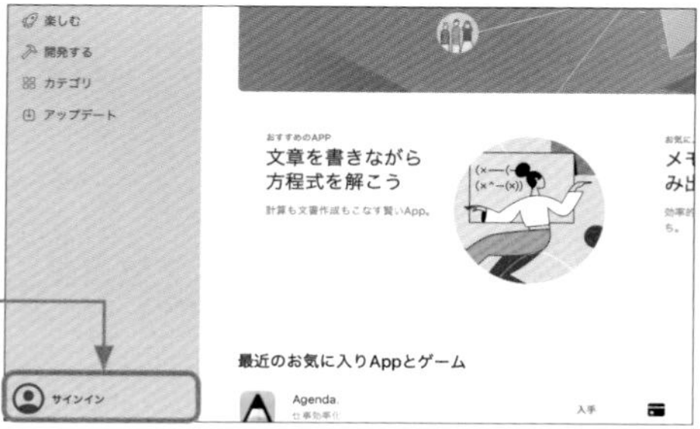

MEMO iTunesで自動ダウンロードを有効にする

使用しているMacがmacOS Catalinaの場合、「iTunes」アプリをインストールしてアプリや音楽の自動ダウンロードを有効にすることができます。「iTunes」アプリを起動し、メニューバーで＜iTunes＞→＜環境設定＞→＜ダウンロード＞の順にクリックして、自動ダウンロードを有効にしましょう。なお、本書で使用しているMacはmacOS Big Surのため、各アプリから自動ダウンロードを有効にする方法を解説しています。

③ Apple IDを入力して＜サインイン＞をクリックし、パスワードを入力して＜サインイン＞をクリックします。

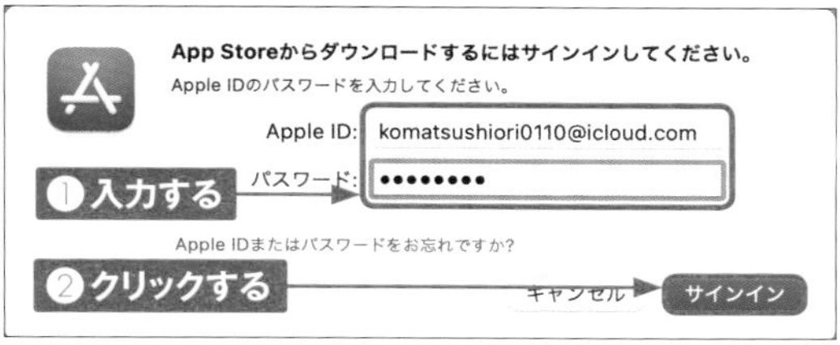

④ メニューバーで＜App Store＞→＜環境設定＞の順にクリックします。

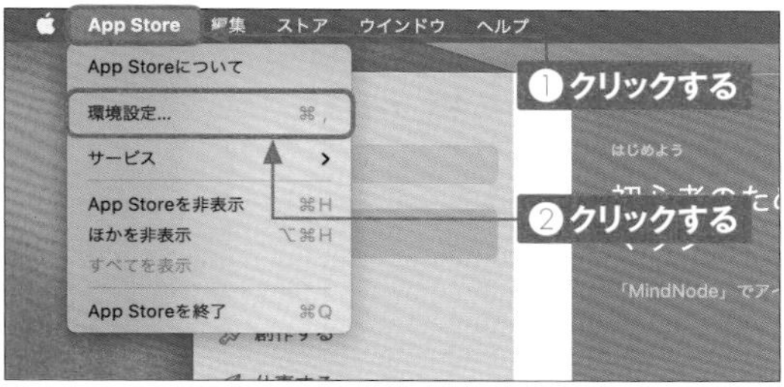

⑤「ほかのデバイスで購入したAppを自動的にダウンロードします。」にチェックを付けます。

ミュージックの自動ダウンロードを有効にする

① Dockの🎵をクリックして、「ミュージック」アプリを起動します。

② 画面右側のメニューにある＜アカウント＞をクリックします。

3 Apple IDを入力して＜サインイン＞をクリックし、パスワードを入力して＜サインイン＞をクリックします。

4 メニューバーで＜ミュージック＞→＜環境設定＞の順にクリックします。

5 「ライブラリ」の「自動ダウンロード」のチェックボックスをクリックし、＜OK＞をクリックします。

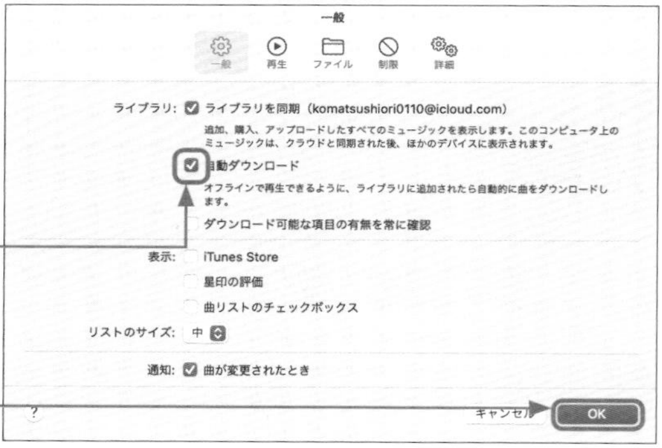

MEMO

コンピュータを認証する

手順⑤で＜OK＞をクリックしたとき、「このコンピュータは認証されていません。」というダイアログが表示され、自動ダウンロードが利用できないときがあります。このダイアログが表示される場合は、メニューバーで＜アカウント＞→＜認証＞→＜このコンピュータを認証＞の順にクリックし、Apple IDとパスワードを入力することで、自動ダウンロードが利用できるようになります。

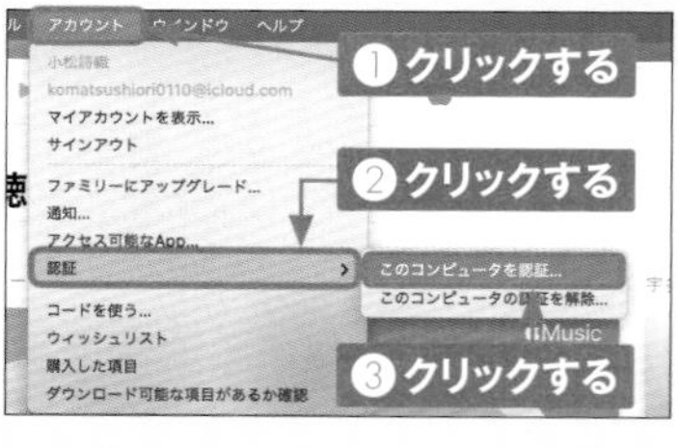

Chapter 4

Windowsで iCloudを利用する

Section 18

Application

Windows用iCloudをインストールする

iCloudは、パソコンでも利用できます。Windowsパソコンの場合は、iCloudとデータを同期するためにWindows用iCloudというソフトウェアをインストールする必要があります。Windowsでi Cloudを利用する準備を行いましょう。

Windows用iCloudをインストールする

① Webブラウザ（ここでは「Microsoft Edge」）を起動し、「https://support.apple.com/ja-jp/HT204283」にアクセスして、<Microsoft Storeから Windows用iCloudをダウンロードする>をクリックします。

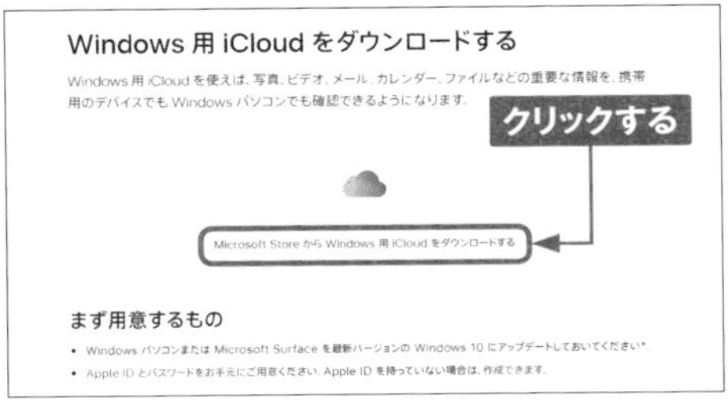

② 「サインアップする」画面が表示されたら、× をクリックして閉じます。

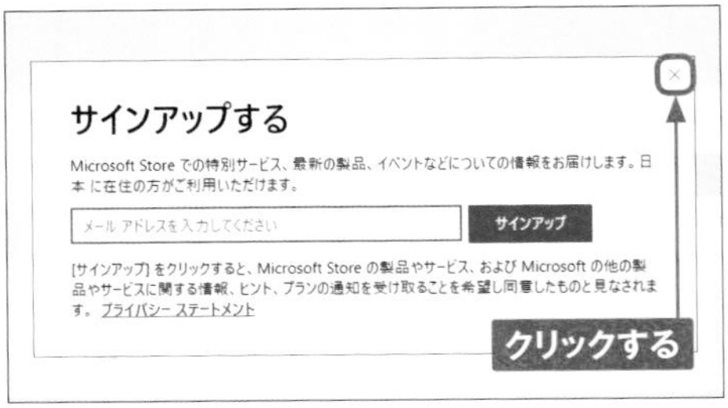

③ <入手>をクリックし、<開く>をクリックします。

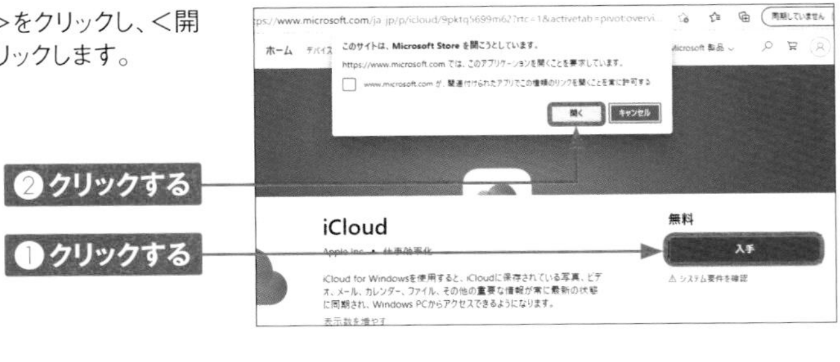

4

4 ＜入手＞をクリックすると、ダウンロードが開始されます。

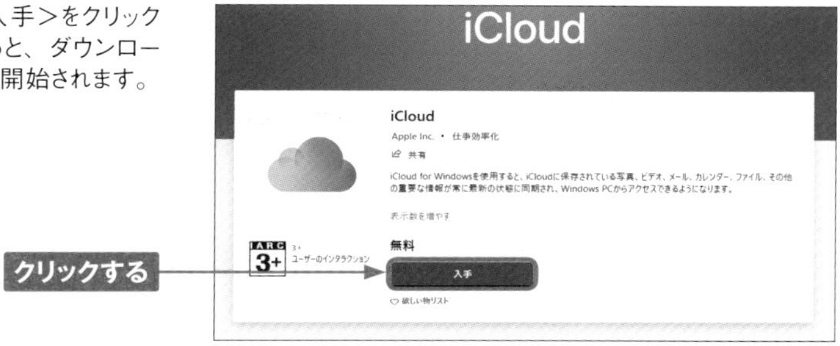

5 ダウンロードが完了したら、＜起動＞をクリックします。

6 iCloudが起動します。サインインについてはSec.19を参照してください。

MEMO 同時にiCloud共有アルバムもインストールされる

Windows用iCloudをインストールすると、同時にiCloud共有アルバムもインストールされます。

iCloudを有効にする

Sec.18を参考にWindows用iCloudをインストールしたら、WindowsパソコンでiCloudを有効にしましょう。なお、通常はWindows用iCloudをインストール後、＜起動＞をクリックすると、手順②のサインイン画面が表示されます。

iCloudにサインインする

1. ⊞をクリックしてスタート画面を表示し、＜iCloud＞をクリックします。

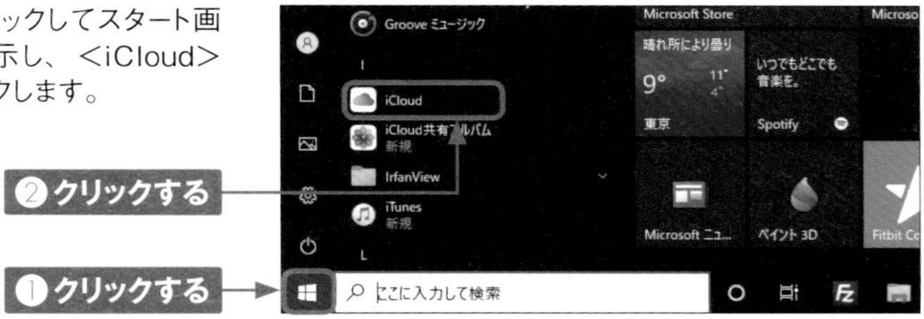

2. Apple IDとパスワードを入力し、＜サインイン＞をクリックします。

3. iPhoneにサインイン要求の画面が表示されるので＜許可する＞をタップします。

4 Apple ID登録時に設定した2ファクタ認証を行うためのデバイスに表示された確認コードをパソコンに入力します。

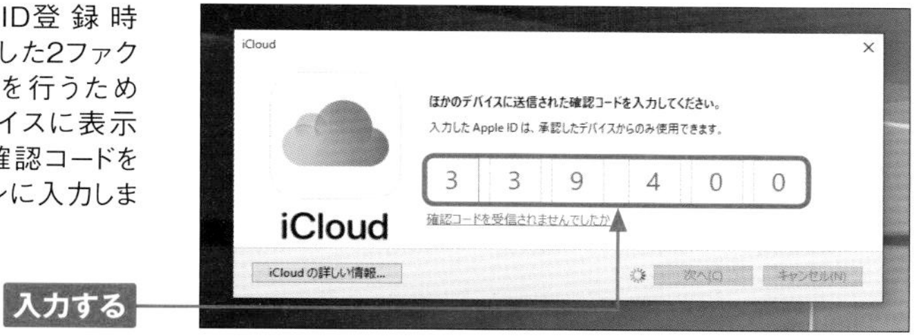

5 「診断情報をAppleに送信しますか?」画面が表示されます。ここでは<送信しない>をクリックします。

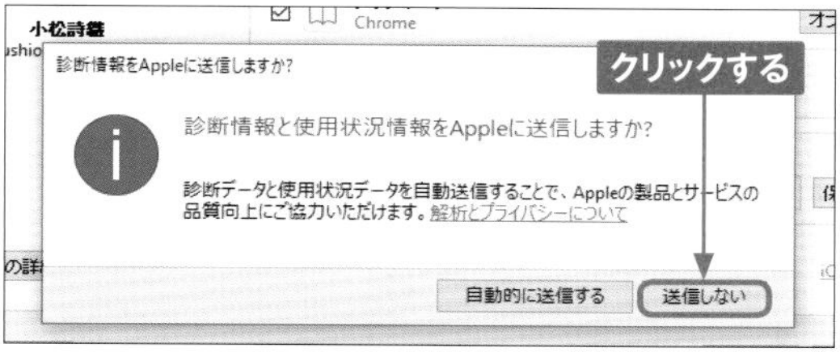

iCloudコントロールパネルの見方

iCloudで使用しているストレージ容量の確認と管理ができます。

iCloudで同期できるデータの一覧です。チェックボックスで同期の有効／無効を切り替えます。

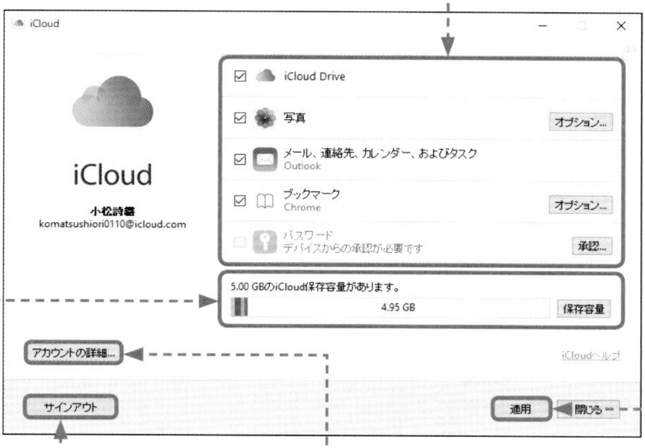

クリックすると、iCloudからサインアウトします。

Apple IDの詳細が表示されます。Apple IDの管理ページに移動することもできます。

クリックすると、設定内容が反映されます。

Section 20

Application

iCloudと連携できるアプリケーション

Macと異なり、Windows環境ではiCloudと連携できるアプリが必ずしもはじめからそろっているとは限りません。iCloudを活用するにはどんなアプリが必要になるのか、ここで確認しておきましょう。

iCloudを利用できるアプリ

● iTunes

iCloudを利用する上で必須なのがiTunesです。Windows環境ではiTunesはプリインストールされていないため、必ずインストールしておきましょう。

● Google Chrome

● Firefox

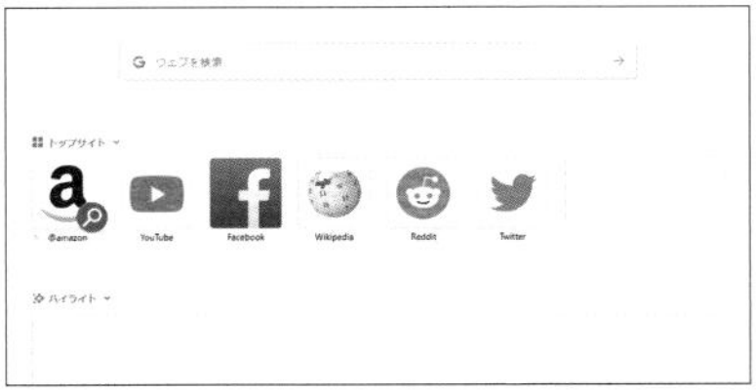

iCloudのブックマーク同期機能は、Google ChromeもしくはFirefoxで利用できます。ただし、専用の拡張機能をインストールする必要があります。

MEMO メールやカレンダーも同期できる

上記で紹介したアプリのほか、Windowsの「カレンダー」アプリやMicrosoft Outlookのカレンダーを、iCloudと連携して使用することができます。また、Microsoft Outlookではメールの連携も可能です。

ブックマークを同期するWebブラウザを設定する

① Windows用iCloudを表示し、「ブックマーク」の<オプション>をクリックします。

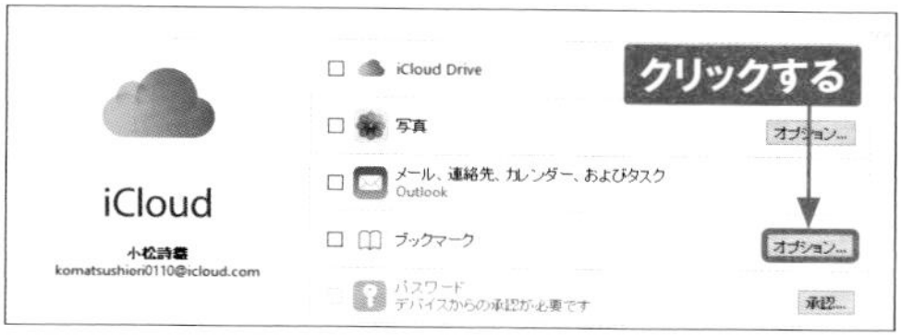

② 同期したいWebブラウザをクリックしてチェックを付け、<OK>をクリックします。

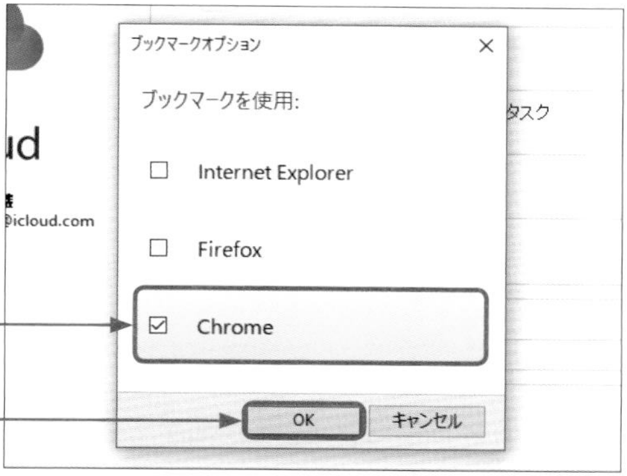

③ <適用>をクリックし、<統合>をクリックします。

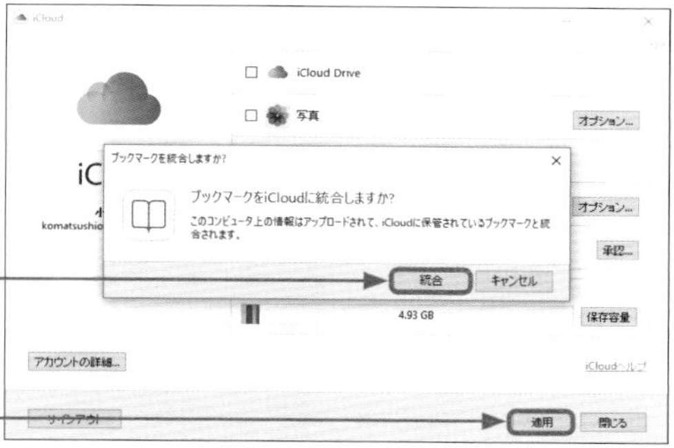

④ 「Chrome用のiCloudブックマーク拡張機能が必要です。」と表示されたら、<ダウンロード>をクリックして<Chromeに追加>→<拡張機能を追加>の順にクリックします。

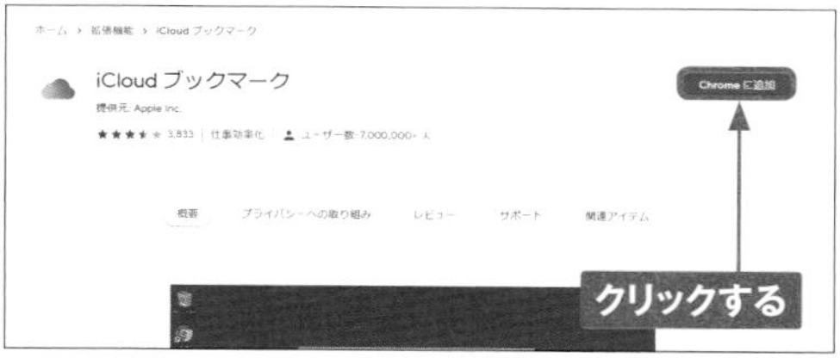

4

Webブラウザから iCloudにアクセスする

Webブラウザからも iCloudが利用できます。Microsoft EdgeでiCloud.comにアクセスしてみましょう。なお、サインインできない場合は、iPhoneなどからiCloudにサインイン後、再度アクセスしましょう。

Microsoft EdgeからiCloudにアクセスする

1. Microsoft Edgeを起動して「https://www.icloud.com/」にアクセスしたら、Apple IDとパスワードを入力して、➡をクリックします。

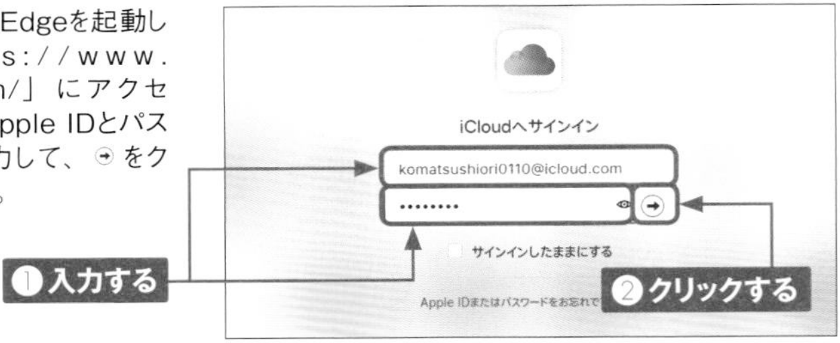

2. 初回サインイン時は2ファクタ認証に設定したデバイスに表示される確認コードを入力します。次に「Apple IDとプライバシー」画面が表示されたら<次へ進む>をクリックし、「このブラウザを信頼しますか?」画面が表示されたら<信頼する>をクリックします。

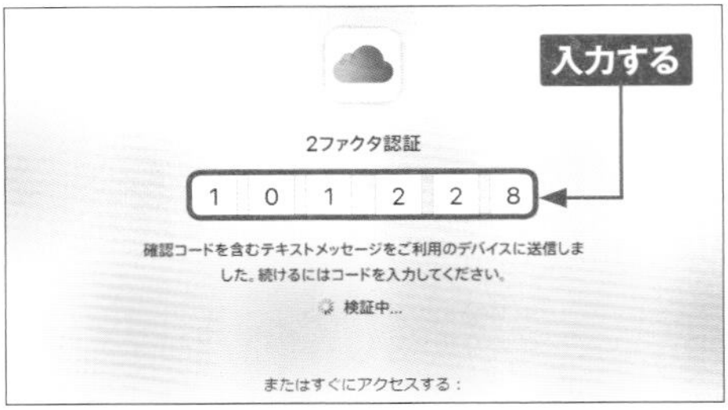

3. iCloudへのサインインが完了します。

iCloudの設定を変更する

1 iCloudにサインインし、<アカウント設定>をクリックします。

2 「iCloud設定」画面が表示されます。ここでは「時間帯・地域」を変更します。<日本標準時/日本>をクリックします。

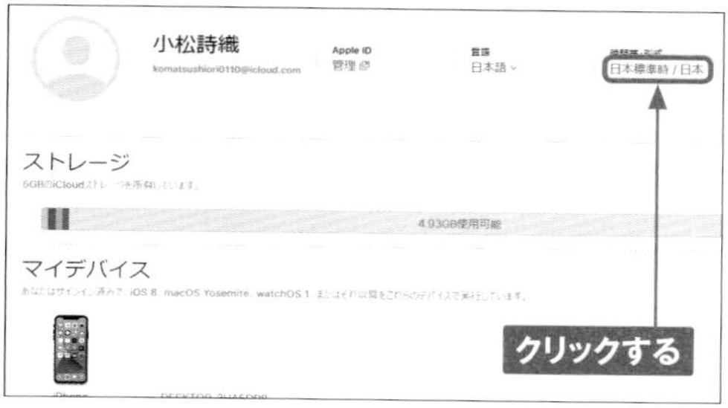

3 日本を含む地域をクリックし、「形式」と「言語」を設定します。<完了>をクリックすると、iCloudの設定変更が完了します。

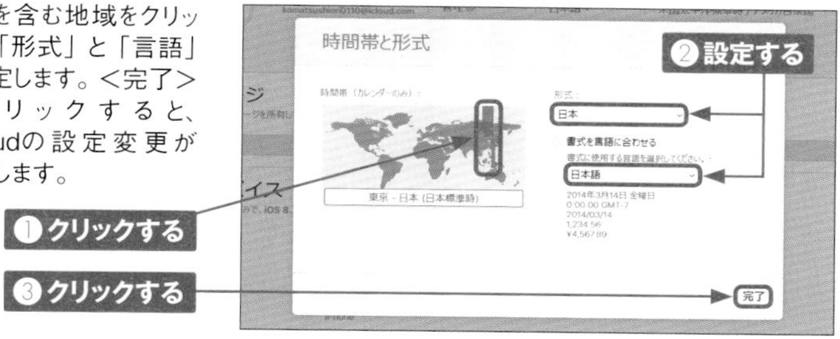

MEMO

Apple IDの設定を変更する

Apple IDの設定を変更するには、手順②の画面で「Apple ID」の<管理>をクリックし、表示された画面でApple IDとパスワードを入力して➡をクリックします。

Section 22

Application

WindowsでiCloudメールを利用する

iCloud.comでもメールの閲覧や返信といった操作を行うことができるので、手元にiPhoneがない場合でも、パソコンがあればメールを確認することが可能です。ここではWindowsのパソコンで、iCloudメールを利用する基本的な方法を解説します。

メールを閲覧する

1 P.68を参考にiCloudにサインインし、＜メール＞をクリックします。

2 閲覧したいメールをクリックします。

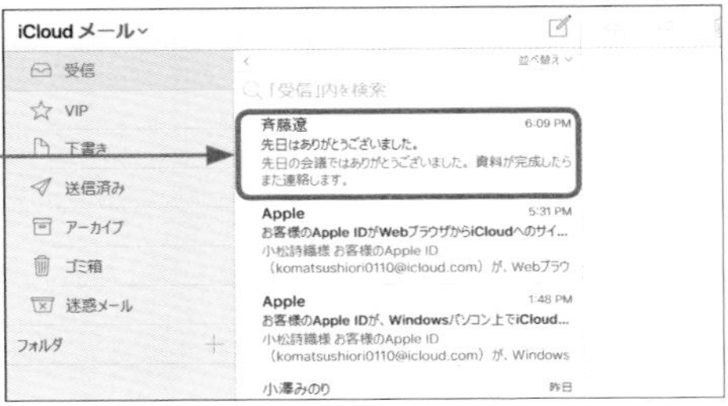

3 メールの内容が表示されます。

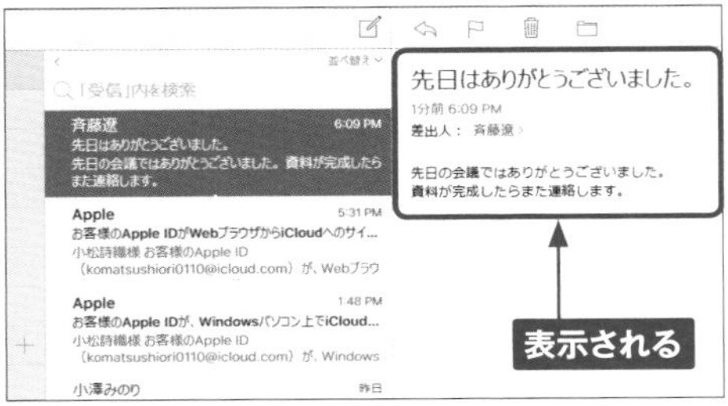

メールを作成する

1 P.68を参考にiCloudにサインインし、<メール>をクリックします。

2 📝をクリックします。

3 「宛先」に、送信したい相手のメールアドレスを入力します。

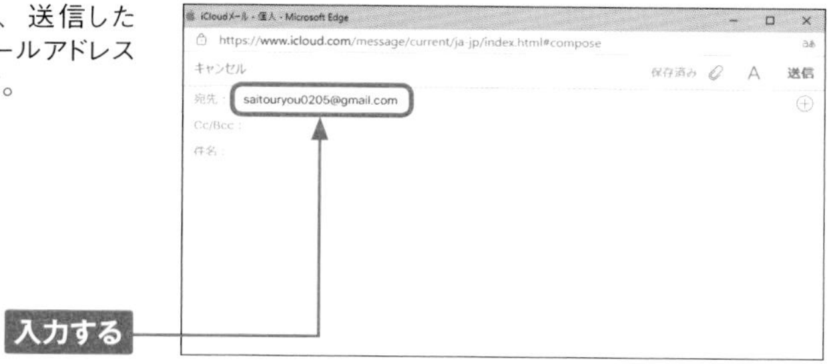

4 <件名>と本文入力フィールドをクリックし、それぞれ入力します。画面右上の<送信>をクリックすると、メールが送信されます。

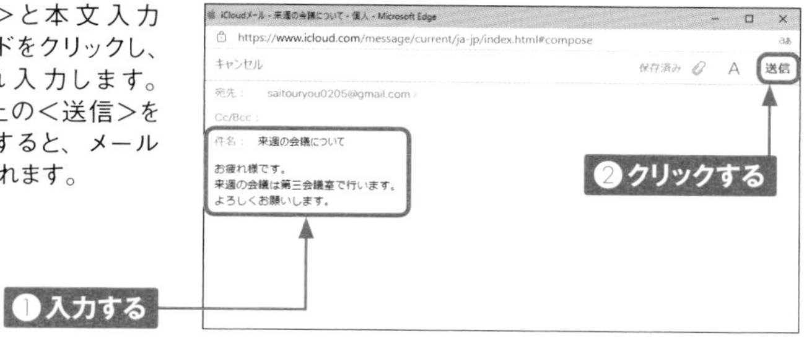

送信済みメールを確認する

① P.68を参考にiCloudにサインインし、<メール>をクリックします。

② <送信済み>をクリックします。

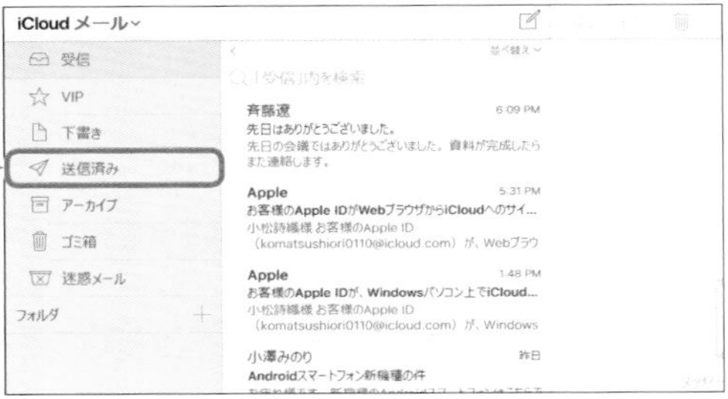

③ 確認したいメールをクリックします。

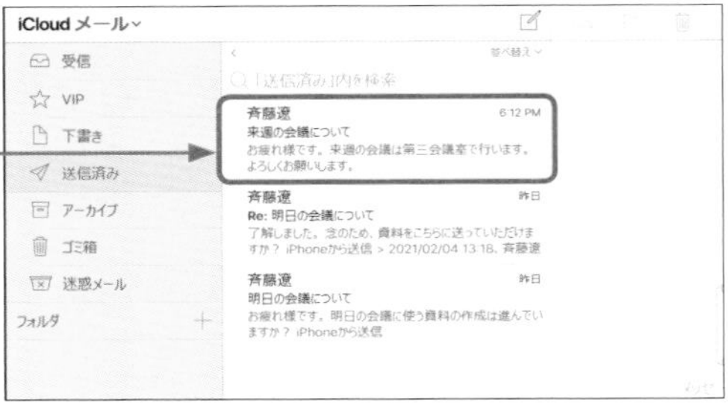

④ メールの内容が表示されます。

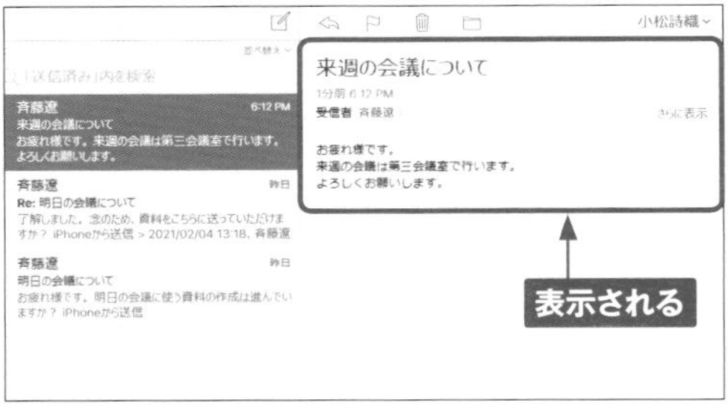

メールを返信する

① P.68を参考にiCloudにサインインし、<メール>をクリックします。未読のメールがある場合は、アイコンの右上にバッジが表示されます。

② 返信したいメールをクリックして表示し、⇦をクリックします。

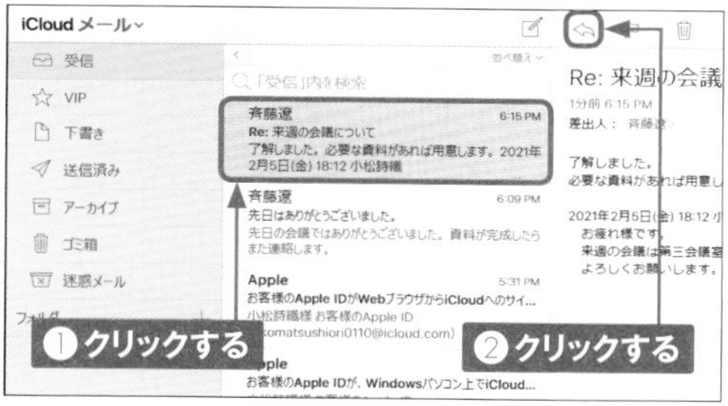

③ <返信>をクリックします。

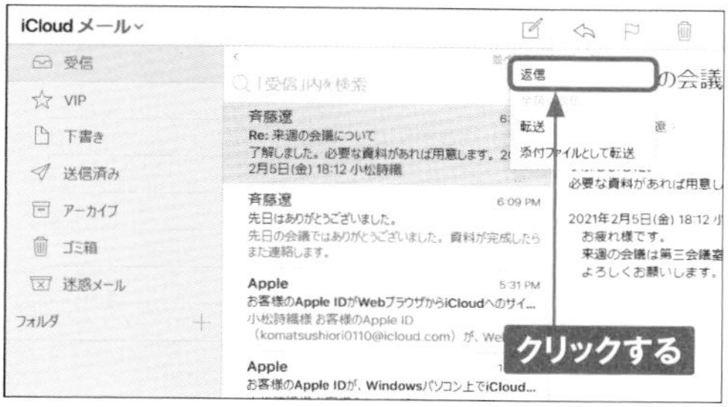

④ 本文入力フィールドにメッセージを入力し、<送信>をクリックします。

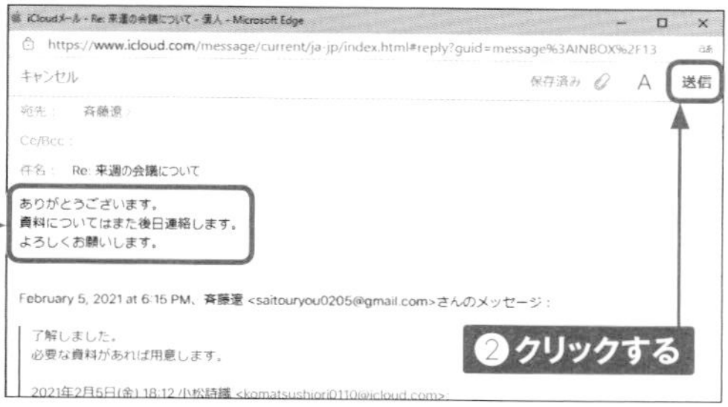

Section 23

Application

写真の共有や保存を有効にする

Windows用iCloudの設定を有効にすることで、iPhoneやiPadで撮影した写真をWindowsで閲覧できるようになります。ここでは、WindowsでiCloud写真と共有アルバムを有効にする手順を解説します。

iCloud写真を有効にする

1. Windows用iCloudを表示し、「写真」の<オプション>をクリックします。

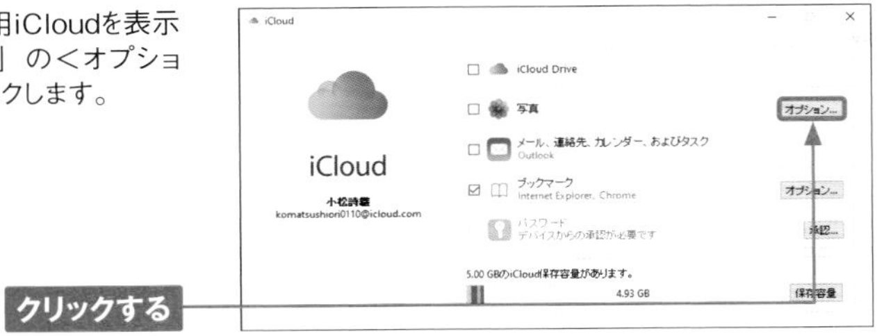

2. <iCloud写真>をクリックしてチェックを付け、<終了>をクリックします。

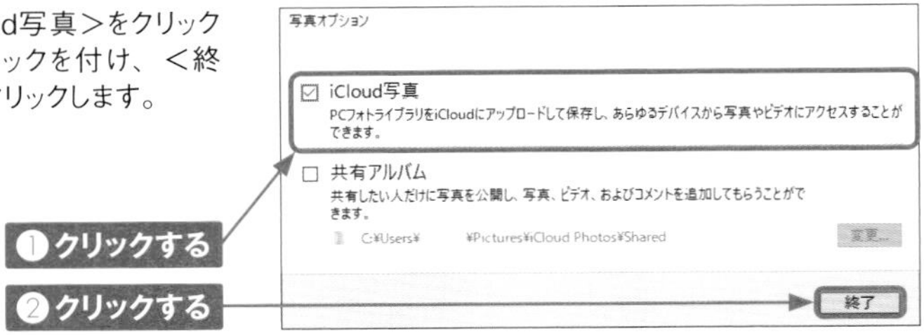

3. <適用>をクリックします。WindowsでiCloud写真を利用するには、Sec.30を参照してください。

4

共有アルバムを有効にする

1 Windows用iCloudを表示し、「写真」の<オプション>をクリックします。

2 <共有アルバム>をクリックしてチェックを付け、<終了>をクリックします。

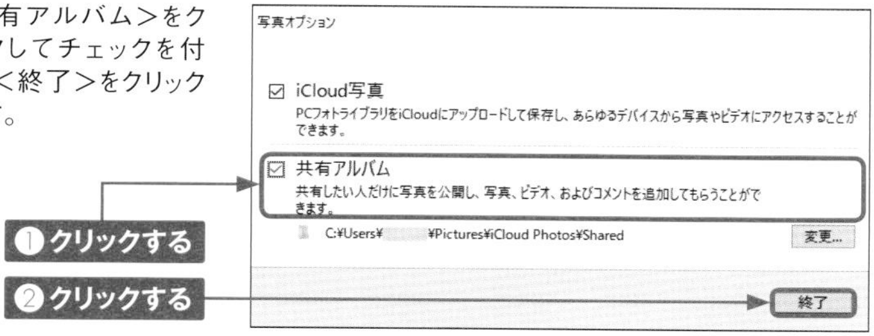

3 <適用>をクリックします。Windowsで共有アルバムを利用するには、Sec.36を参照してください。

MEMO

写真が表示されない場合は?

iCloud写真や共有アルバムがWindowsで表示されない場合は、P.81を参考にして各設定がオンになっているかを確認しましょう。

コンテンツの自動ダウンロードを有効にする

iTunes Storeにサインイン後、自動ダウンロード機能を有効に設定すると、iPhoneやiPadで新しく購入した音楽や映画がWindowsにも自動でダウンロードされます。自動ダウンロードが利用できない場合は、コンピュータの認証を行います。

自動ダウンロードを設定する

1. iTunesを起動し、メニューバーで<編集>→<環境設定>の順にクリックします。

2. <ダウンロード>をクリックします。

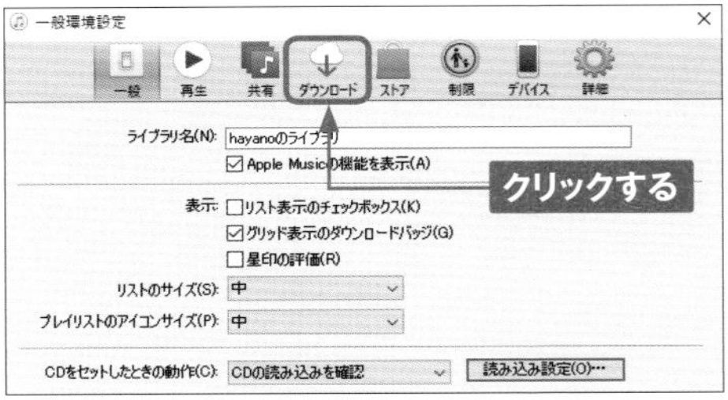

MEMO iTunes Storeにサインインする

Apple IDを初めてiTunes Storeで使用する場合は、手順①のあとに「このApple IDはまだiTunes Storeで使用されたことがありません。」と表示されます。<レビュー>をクリックして、iTunes Storeにサインインしましょう。

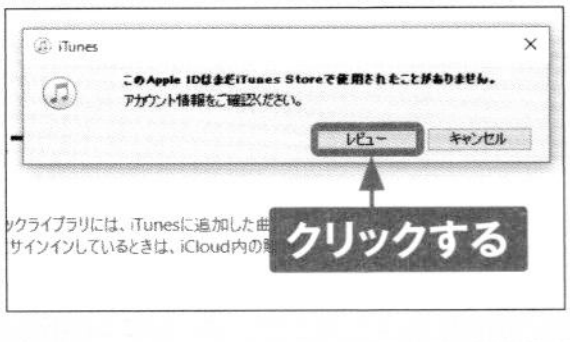

3 <ミュージック>と<映画>をクリックしてチェックを付け、<OK>をクリックします。

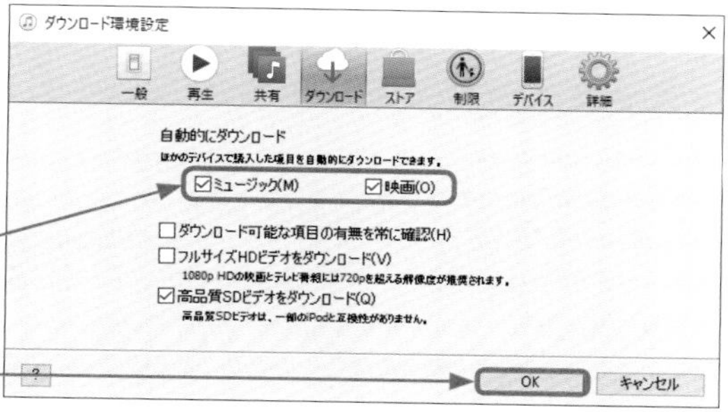

4 自動ダウンロードの設定が完了します。

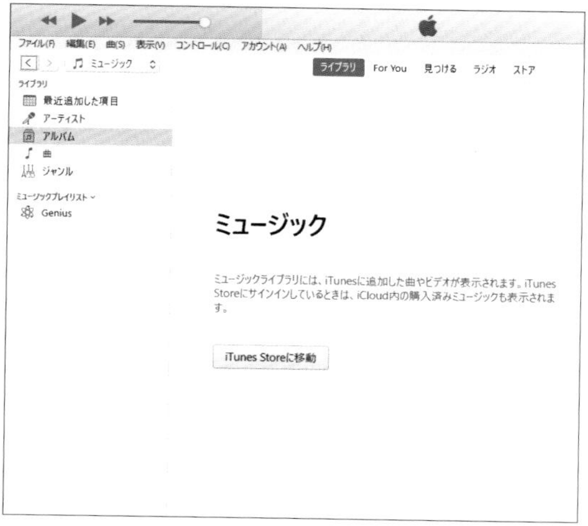

MEMO **自動ダウンロードが利用できない**

手順③で<OK>をクリックしたとき、「このコンピュータは認証されていません。」というダイアログが表示され、自動ダウンロードが利用できないときがあります。このダイアログが表示される場合は、P.78の手順に従い、コンピュータの認証を行うことで、自動ダウンロードが利用できるようになります。

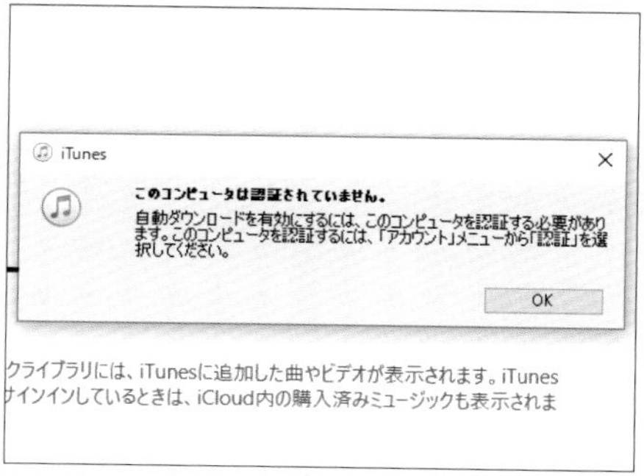

4

コンピュータを認証する

① iTunesを起動し、メニューバーで<アカウント>→<認証>→<このコンピュータを認証>の順にクリックします。

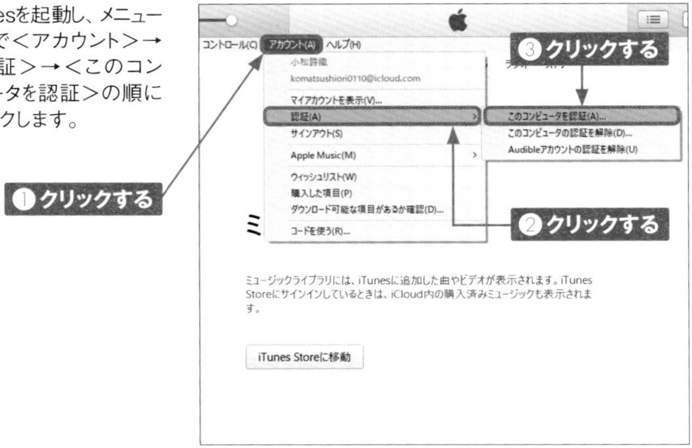

② Apple IDとパスワードを入力し、<認証>をクリックします。

③ コンピュータの認証が完了します。<OK>をクリックし、再度自動ダウンロードの設定を行います。

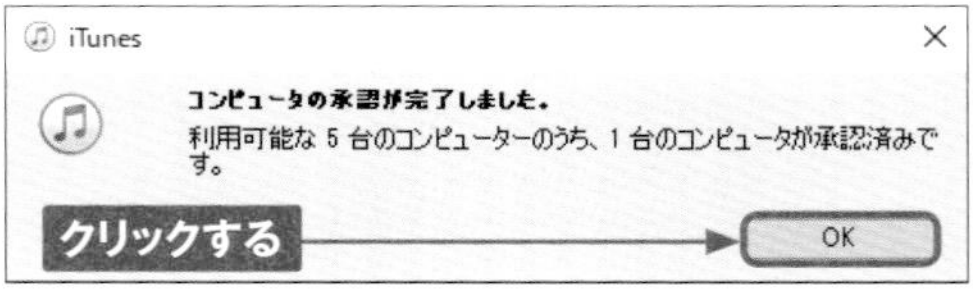

MEMO コンピュータの認証と自動ダウンロード

App StoreやiTunes Storeで購入した音楽、ムービー、オーディオブックには著作権管理技術（DRM）が適用されており、コンピュータの認証を行ったパソコンでしか再生できません。認証は1つのApple IDにつき同時に最大5台まで設定できます。コンピュータの認証を解除したいときは、手順①の画面で<このコンピュータの認証を解除>をクリックします。

Chapter 5

iCloudで写真を共有・保存する

Section 25

Application

iCloud写真のしくみ

「iCloud写真」はiCloudに写真を保存できるサービスです。ここではiCloud写真のしくみと、よく似た機能のマイフォトストリームとの違いについて解説します。違いを理解したら、iCloud写真を有効にしてみましょう。

iCloud写真のしくみ

iCloud写真は、iCloudアカウントを使ってすべてのデバイスの写真と動画をiCloudにアップロードして、アップロードした写真や動画をそれぞれのデバイスのライブラリに同期するサービスです。

デバイスだけでなくブラウザからでも写真・動画を閲覧できるようになります。

マイフォトストリームとiCloud写真の違い

マイフォトストリームには「最大1,000枚の画像ファイルを30日間保存する」といった制限がありますが、iCloud写真にはそうした制限がありません。ただし、iCloud写真でアップロードした写真はiCloudのストレージに保存されるため、ストレージの容量が消費され、無料で利用できる5GBでは容量が足りなくなる可能性があります。なお、「iCloud写真」と「マイフォトストリーム」は、両方有効にすることができます。

	マイフォトストリーム	iCloud写真
保存できるデータ	写真（Live Photos除く）	写真（Live Photosも含む）、動画
iCloudストレージ	使用しない	使用する（5GBまで無料）
解像度	パソコン：フルサイズ デバイス：最適化	iCloudにフルサイズ保存 （デバイスは設定に依存）
保存枚数	最大1,000枚	無制限（ストレージ容量に依存）
保存期間	保存日より30日間	無制限
無効にした場合	写真が消える	写真・動画がそのまま残る※
ブラウザでの閲覧	不可	可（iCloudの「写真」）

※iCloud写真を無効化後、iCloudストレージから削除するには、ブラウザでiCloudにアクセスして削除する必要があります。

iCloud写真を有効にする

1 P.32手順①を参考に「Apple ID」画面を表示し、<iCloud>をタップします。

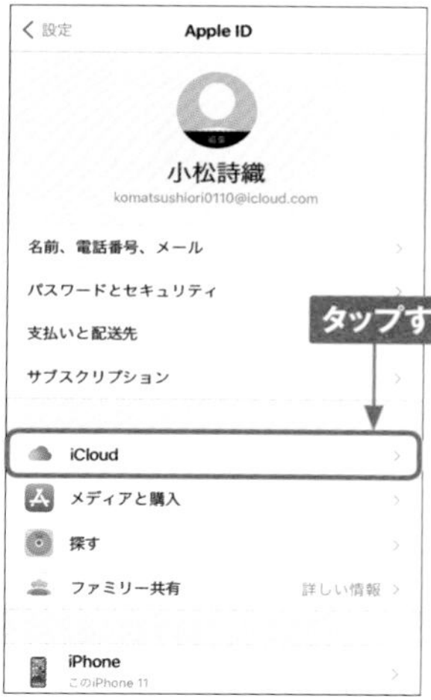

2 <写真>をタップします。

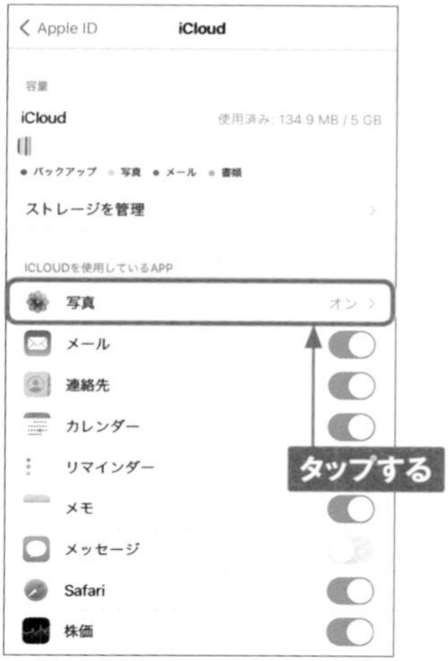

3 「iCloud写真」の をタップします。

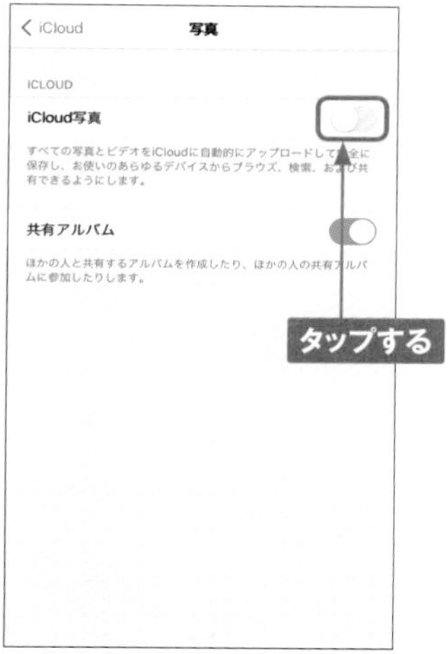

4 「iCloud写真」が になり、iCloud写真が有効になります。なお、iCloud写真を有効にすると、iTunesで同期した写真は削除されます。

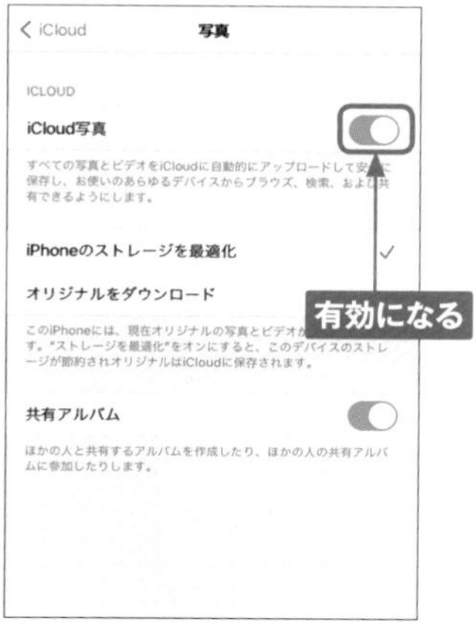

iPhone ／ iPadで iCloud写真の写真を閲覧する

iCloud写真のデータは、iPhone ／ iPadでは「写真」アプリから閲覧することができます。また、「写真」アプリには、複数の表示モードがあります。自分の閲覧しやすい表示モードで写真を閲覧しましょう。

iCloud写真の写真を閲覧する

① ホーム画面で＜写真＞をタップします。

② ＜ライブラリ＞をタップし、＜すべての写真＞をタップします。なお、この手順では、iCloud写真に保存していない、デバイス内のみの写真も表示されます。

③ 閲覧したい写真をタップします。

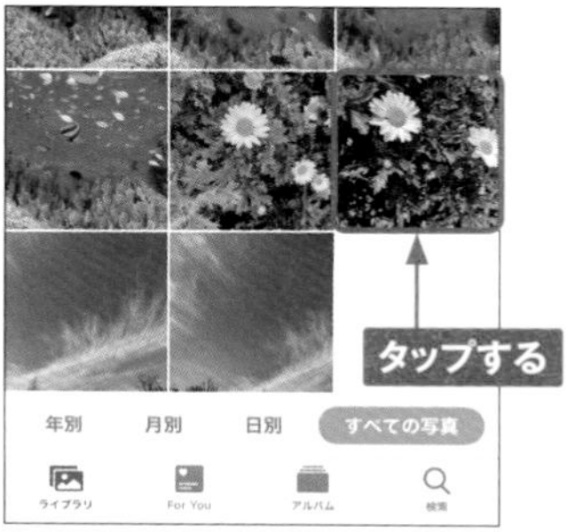

④ タップした写真が表示されます。

「写真」アプリの表示モード

「写真」アプリには、3つの表示モードがあります。自分の閲覧しやすい表示モードで写真を閲覧しましょう。なお、iCloud写真とマイフォトストリームをどちらも有効にしている場合、ほかのデバイスからマイフォトストリームに追加された写真もここから閲覧できます。

●「ライブラリ」

「ライブラリ」タブでは、画面下の「年別」「月別」「日別」「すべての写真」をタップすることで、表示する写真を切り替えることができます。任意の写真をタップすると、タップした写真が拡大して表示されます(P.82手順③〜④参照)。

●「For You」

「For You」タブでは、「メモリー」機能で、写真に写っているイベントや場所を特定し、同一の写真をまとめてくれます。複数人で写っている写真では、それぞれの顔を認識して、その友だちと共有することをおすすめしてくれます。

●「アルバム」

「アルバム」タブでは、自分で作成したアルバム、共有アルバム、写真やビデオを種類別にまとめたコレクション(「セルフィー」「ポートレート」「スロー」など)が表示されます。

Section 27

Application

iCloud写真の写真を編集する

iCloud写真の写真やビデオの編集は、iPhone ／ iPadでは「写真」アプリで行うことができます。写真のトリミングを行ったり、写真に効果を加えたり、色彩を調整したりして、自分なりに写真を編集してみましょう。編集結果はほかのデバイスのデータにも反映されます。

5

iCloud写真の写真を編集する

① ここでは写真を編集します。ホーム画面で＜写真＞をタップします。

② ＜ライブラリ＞→＜すべての写真＞→任意の写真の順にタップします。

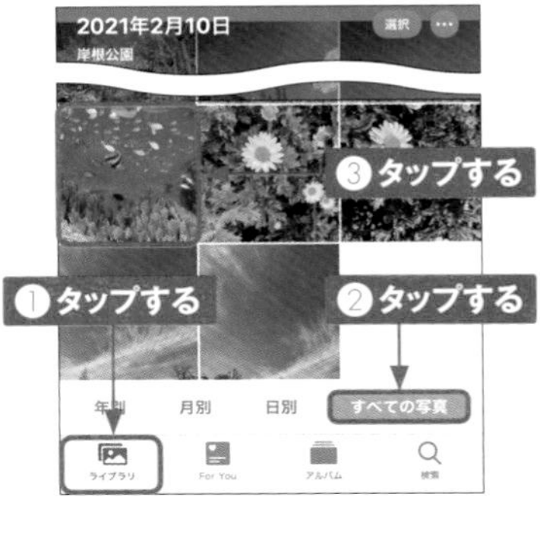

③ ＜編集＞をタップします。

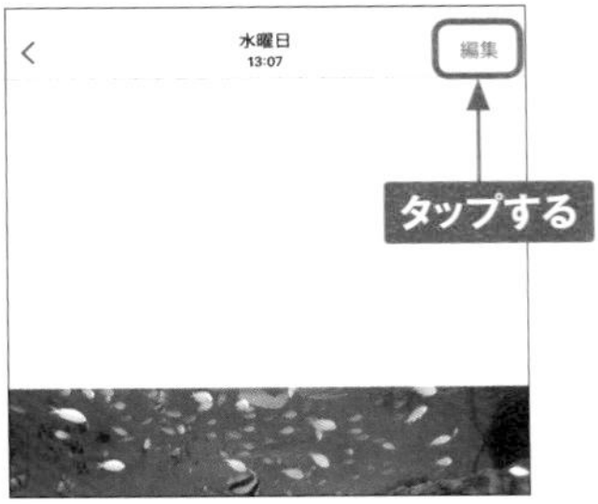

④ 編集画面が表示され、写真の編集を行うことができます。編集が完了したら、☑をタップして保存します。

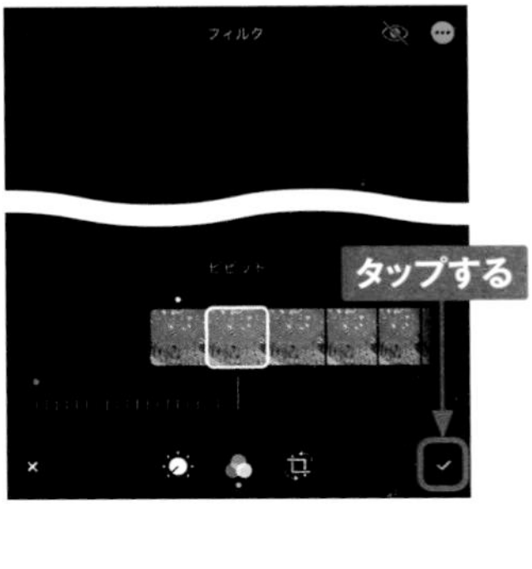

iCloud写真の写真を削除する／復元する

1 削除したい写真を表示し、画面右下の🗑をタップします。

2 ＜写真を削除＞をタップすると、写真が削除されます。

3 削除した写真を復元する場合は、P.82手順②の画面で＜アルバム＞をタップし、＜最近削除した項目＞をタップします。

4 30日以内に削除した写真が表示されます。復元したい写真をタップして表示し、画面右下の＜復元＞をタップします。

5 ＜写真を復元＞をタップすると、写真が復元されます。

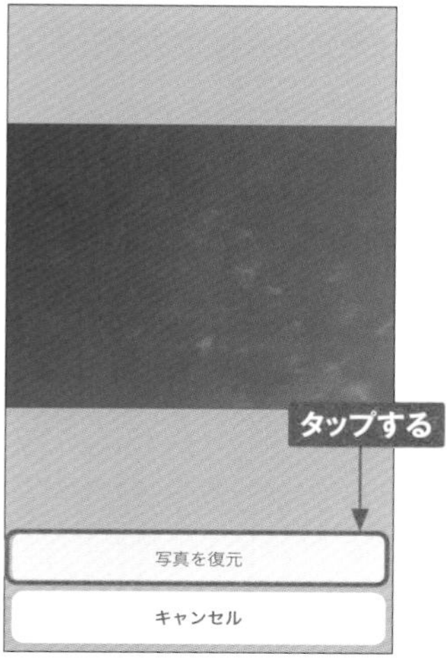

iPhone／iPadで写真の容量を減らす

iCloud写真に保存した写真や動画は、iCloudストレージとデバイス本体のストレージを消費します。容量がいっぱいになってきたら、ここで紹介する方法を参考に、デバイスの容量を節約しましょう。

デバイスの容量を節約する

iCloud写真で＜オリジナルをダウンロード＞に設定していると、デバイス上にオリジナルの高解像度で保存されるため、デバイス内の容量を大量に消費します。iPhoneの空き容量が少なくなったときは、下記の手順でストレージの最適化を行いましょう。この機能を有効にしておくと、デバイス上では、写真やビデオが自動的に容量の小さいものに置き換わり、本体の容量を節約することができます。「写真」アプリで写真をタップして表示すると、iCloudに保存されたオリジナル解像度のデータをタウンロードして表示することができます。なお、この機能は標準では有効になっています。

① ホーム画面で＜設定＞をタップし、自分の名前をタップします。

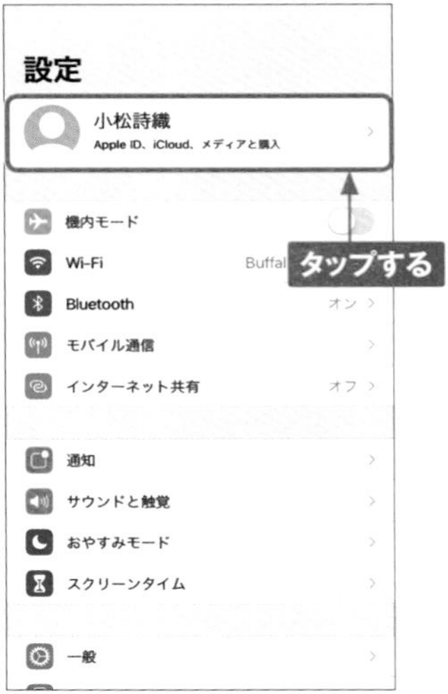

② ＜iCloud＞をタップします。

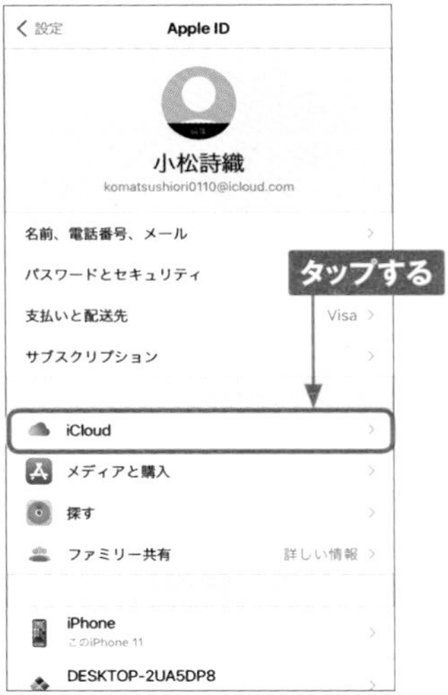

③ <写真>をタップします。

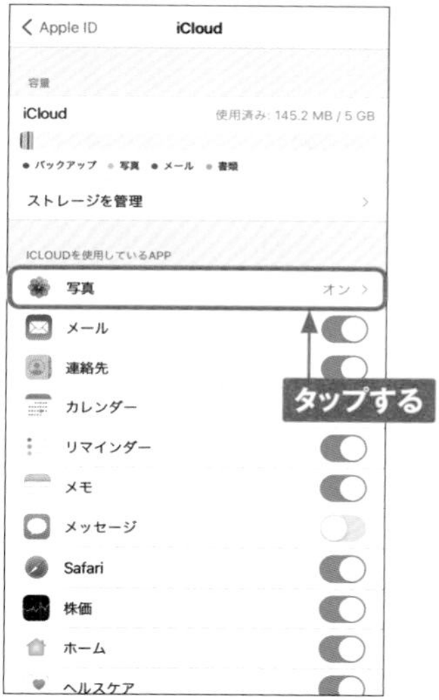

④ <iPhoneのストレージを最適化>をタップしてチェックを付けると、写真やビデオが最適化されたバージョンに置き換わり、本体の容量を節約できます。

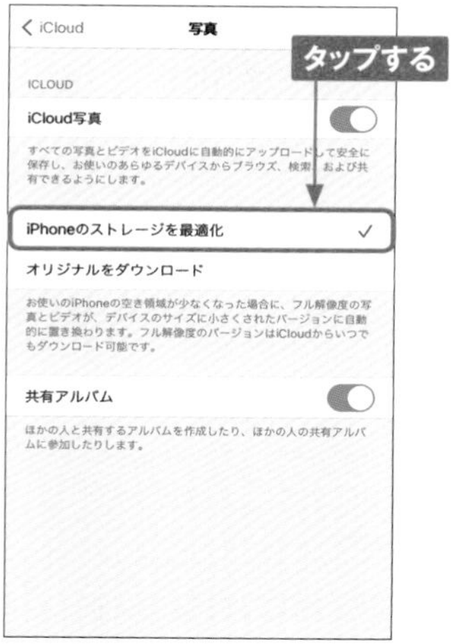

MEMO オリジナルをダウンロード

手順④の画面で、<オリジナルをダウンロード>をタップしてチェックを付けると、フル解像度のオリジナルデータがiCloudとデバイスの両方に保存されます。解像度の高い写真をデバイス本体に保存しておきたい場合はこの設定にしておくとよいでしょう。ただし、フル解像度のまま保存すると、デバイス本体の容量を圧迫してしまいます。容量がいっぱいになってきたら、上記の方法でストレージの最適化を行いましょう。

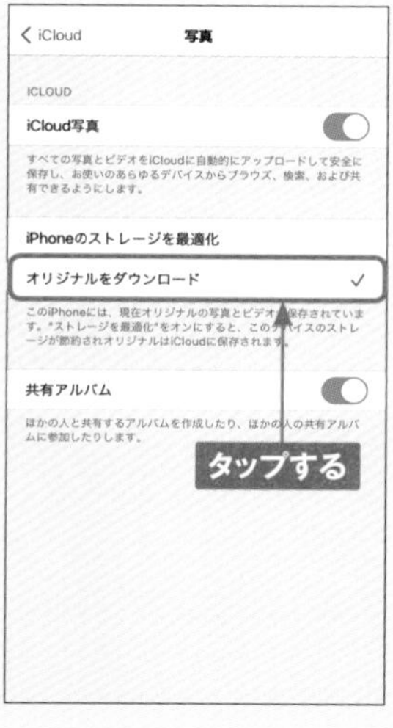

Section 29

Application

MacでiCloud写真を利用する

MacでiCloud写真を利用するには、Sec.16を参考に「iCloud写真」を有効にしておく必要があります。MacでもiPhoneと同様に、写真を保存したり写真を編集したりできるほか、Mac内の写真を追加することも可能です。

iCloud写真の写真を閲覧する

1 Dockのをクリックして、「写真」アプリを起動します。

2 画面上部の＜日付＞をクリックし、＜すべての写真＞をクリックします。

3 iPhoneなどで撮影された写真がすべて表示されます。任意の写真をダブルクリックします。

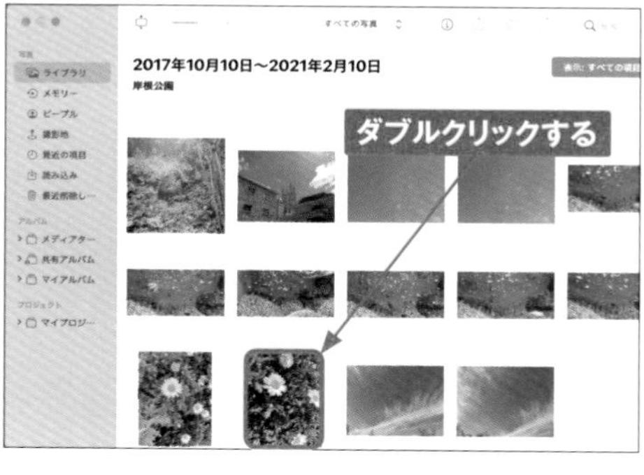

4 写真が拡大されて表示されます。

iCloud写真に写真を追加する

1 「写真」アプリを起動し、サイドバーの<読み込み>をクリックします。

2 iCloud写真に追加したいMac内の写真をドラッグ&ドロップします。

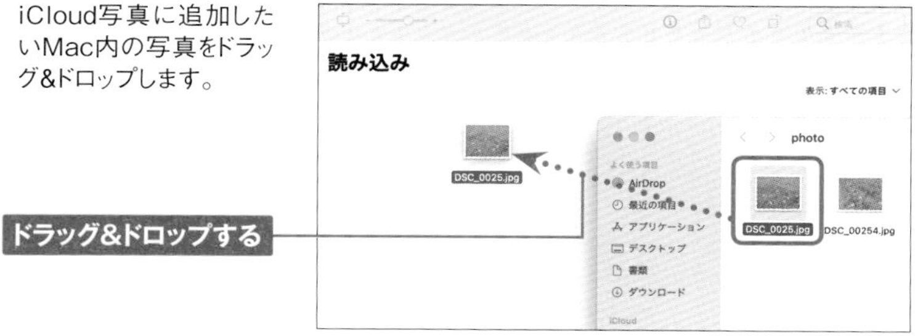

3 サイドバーの<ライブラリ>をクリックすると、追加した写真を確認できます。

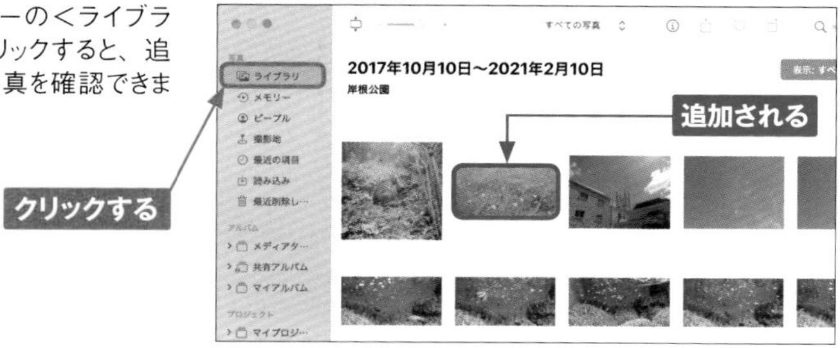

iCloud写真の写真を削除する／復元する

① 削除したい写真をクリックし、Deleteを押します。

② 確認画面が表示されるので、＜削除＞をクリックします。

③ 写真が削除されます。削除した写真を復元する場合は、サイドバーの＜最近削除した項目＞をクリックします。

④ 30日以内に削除した写真が表示されます。復元したい写真をクリックして選択し、画面右上の＜復元＞をクリックします。

Section 30

Application

Windowsで iCloud写真を利用する

WindowsでiCloud写真を利用するには、Sec.23を参考に「iCloud写真」を有効にしておく必要があります。Windowsの場合、Webブラウザからアクセスした iCloudの「写真」か、エクスプローラーの「ピクチャ」から写真を利用できます。

5

iCloud写真の写真を閲覧する

1 P.68を参考にiCloudにサインインし、＜写真＞をクリックします。

2 画面上部の＜写真＞をクリックし、任意の写真をダブルクリックします。

MEMO エクスプローラーからiCloud写真の写真を閲覧する

Windowsでは、エクスプローラーからもiCloud写真の写真を閲覧することが可能です。エクスプローラーを開き、「PC」→「ピクチャ」→「iCloud写真」→「写真」の順に表示すると、iCloud写真の写真が閲覧できます。

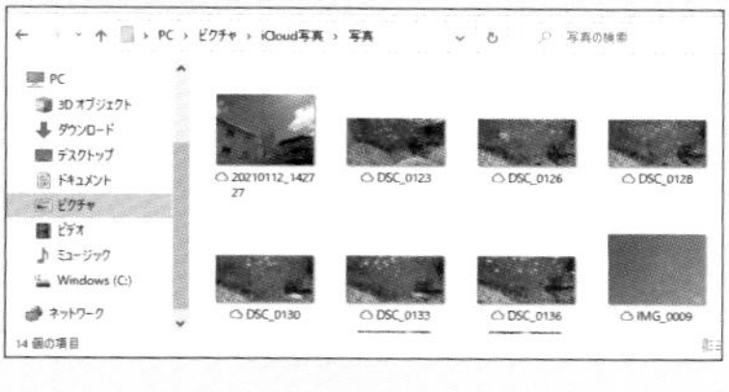

③ 写真が拡大されて表示されます。

iCloud写真に写真を追加する

① 「写真」画面を表示し、画面右上の をクリックします。

② iCloud写真に追加したいWindows内の写真をクリックして選択し、<開く>をクリックします。

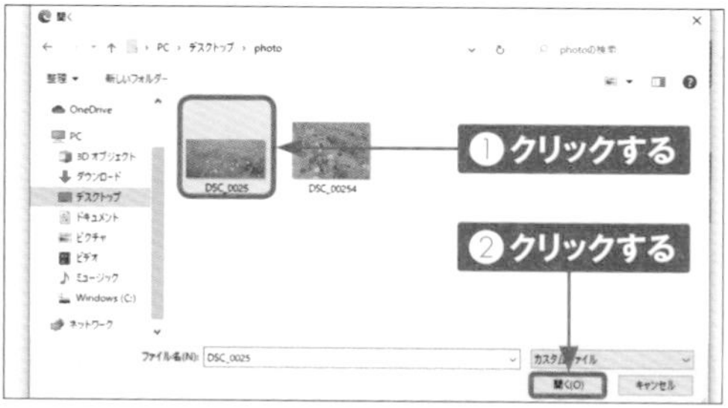

③ 写真が追加されます。

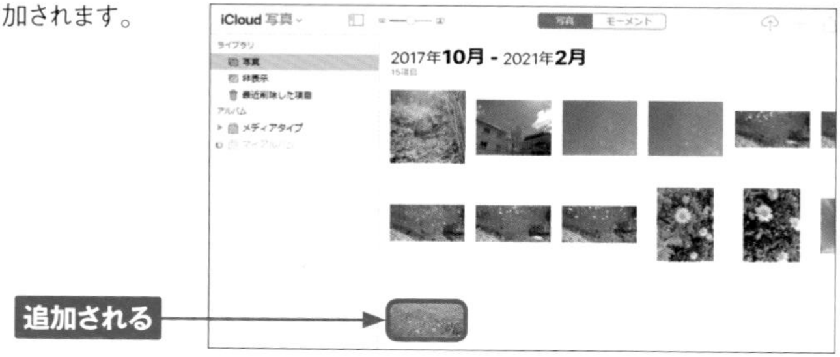

iCloud写真の写真を削除する／復元する

1 削除したい写真をクリックし画面右上の をクリックします。

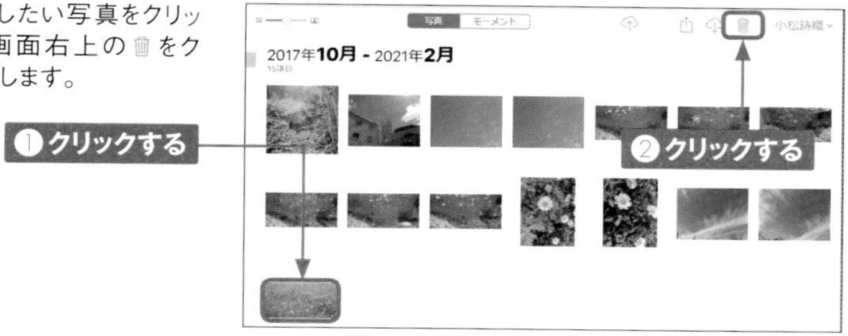

2 確認画面が表示されるので、＜削除＞をクリックします。

3 写真が削除されます。削除した写真を復元する場合は、サイドバーの＜最近削除した項目＞をクリックします。

4 30日以内に削除した写真が表示されます。復元したい写真をクリックして選択し、画面右上の＜復元する＞をクリックします。

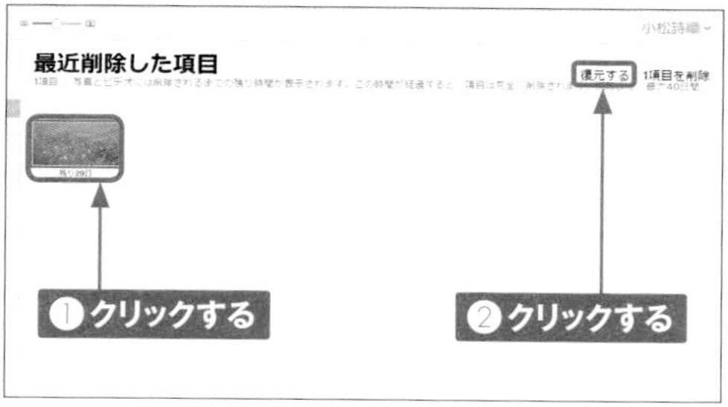

Section 31

マイフォトストリームのしくみ

iPhoneで撮った写真をiPadで閲覧したり、パソコンに保存したりと、iCloudアカウントを使って、すべてのデバイスで同じ写真を手軽に楽しむしくみが「マイフォトストリーム」です。なお、マイフォトストリームは最近作成したApple IDでは利用できません。

マイフォトストリームのしくみ

マイフォトストリームとは、同じiCloudアカウント（Apple ID）を設定したiOSデバイス、Mac、Windowsパソコン間で、写真（Live Photosを除く）を共有するサービスです。共有できる写真の枚数は最大1,000枚で、超過分は自動的にマイフォトストリーム上から削除されます。また、保存期間は30日以内となっており、期間を超えたものはマイフォトストリーム上から削除されます。写真を同期するために必要な条件は、同じiCloudアカウントでサインインしていること、マイフォトストリームを有効にしていること、そしてWi-Fiネットワークに接続していることの3点です。マイフォトストリームの写真はiCloudに保存されますが、容量は消費しません。

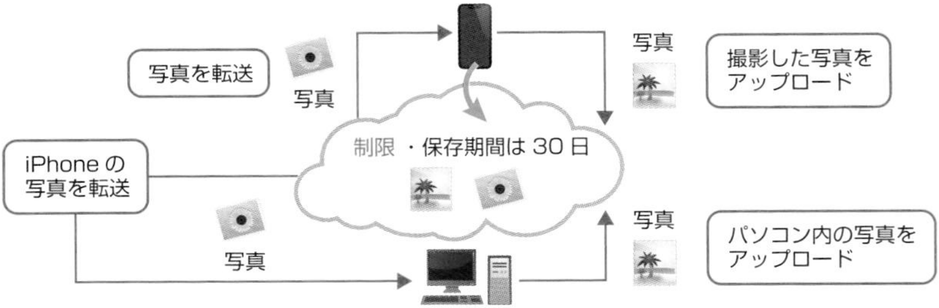

MEMO マイフォトストリームで扱えるファイル形式

マイフォトストリームは、JPEG、TIFF、PNGに加え、多くのRAW形式の画像ファイルに対応していますが、動画はサポートしていません。また、iCloud上にはフルサイズのファイルがアップロードされますが、iOS搭載デバイスに転送されるファイルは、転送速度やデバイスの保存容量を確保するためにリサイズ（縮小）されることがあります。

マイフォトストリームを確認する

マイフォトストリームが有効であれば、同じiCloudアカウントを設定した機器で撮影した写真が「マイフォトストリーム」に表示されます。画像はiCloudに保存されているので、同じApple IDでログインした端末から確認することができます。

「マイフォトストリーム」アルバムには、過去30日以内に追加した写真が1,000枚まで表示されます。

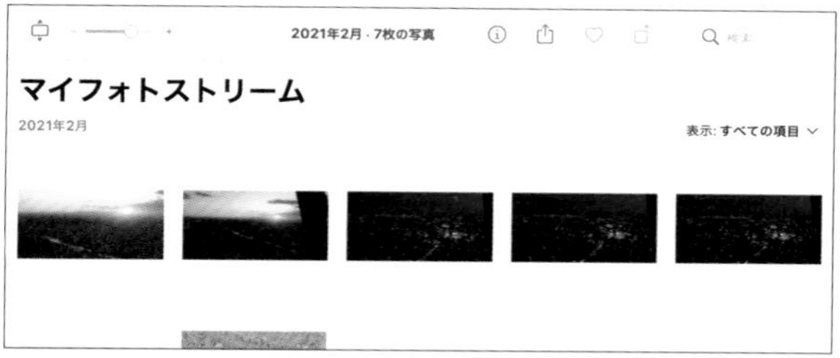

Macでは「写真」アプリから「マイフォトストリーム」を確認できます。

マイフォトストリームの自動アップデート

マイフォトストリームが有効かつWi-Fiでインターネットに接続していると、「写真」アプリに保存されている写真が自動的にマイフォトストリームにアップロードされます。ただし、撮影した時点の設定によって、自動アップロードされるかどうかが変わります（表参照）。

条件	動作
Wi-Fi接続時に撮った写真	撮影と同時に自動アップロードされる
Wi-Fi切断時に撮った写真	Wi-Fiに接続して一定期時間が経ってから自動アップロードされる
マイフォトストリーム無効時に撮った写真	自動アップロードされない
動画	自動アップロードされない（マイフォトストリームは動画には対応しない）

Section 32

Application

iPhone／iPadでマイフォトストリームの写真を閲覧する

ここではiPhoneでマイフォトストリームの写真を閲覧する手順を紹介します。マイフォトストリームの設定が有効で、Wi-Fi接続環境にあれば、ほかの写真の閲覧と同じ操作で写真を楽しめます。まずは設定を有効にしましょう。

5

マイフォトストリームを有効にする

① ホーム画面で<設定>をタップし、自分の名前をタップします。

② <iCloud>をタップします。

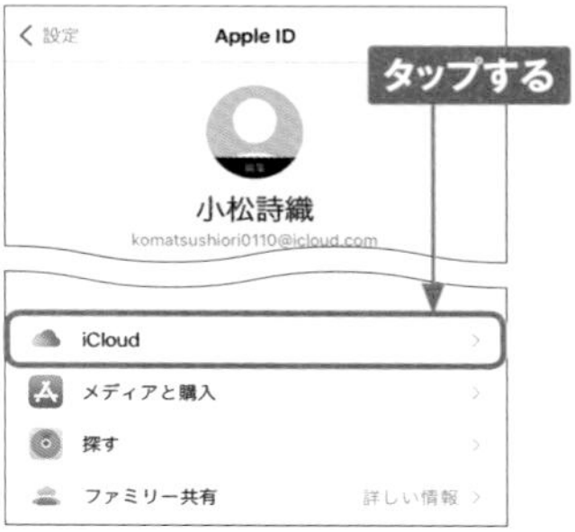

③ <写真>をタップします。

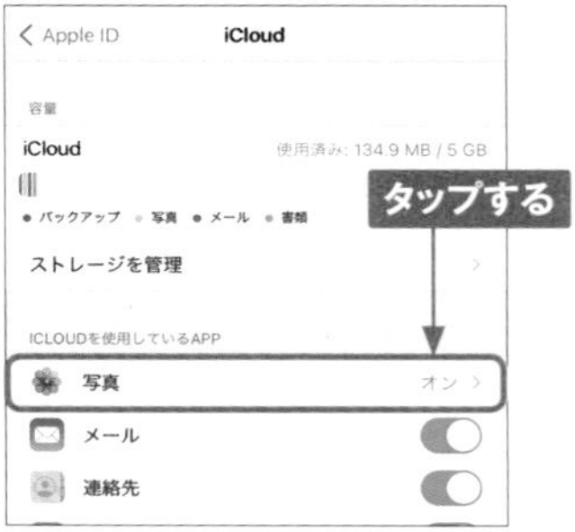

④ 「マイフォトストリーム」の をタップして にします。

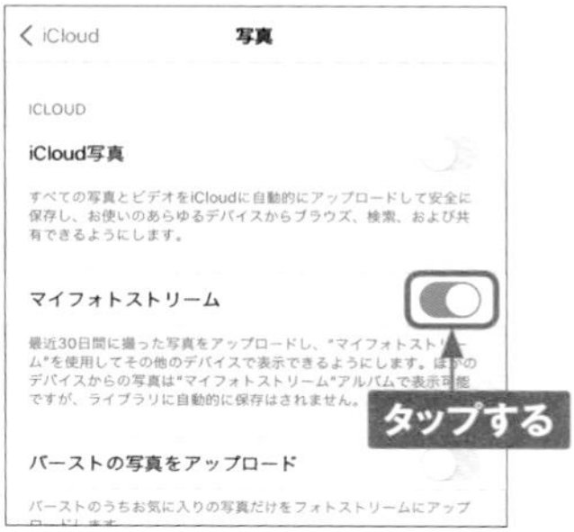

マイフォトストリームの写真を閲覧する

1 ホーム画面で＜写真＞をタップします。

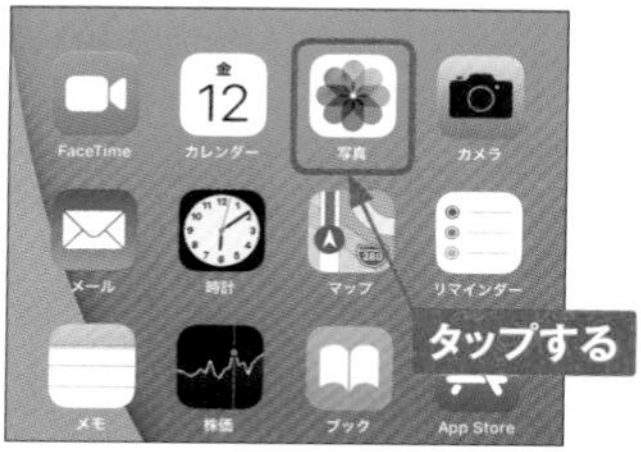

2 画面下部の＜アルバム＞をタップします。

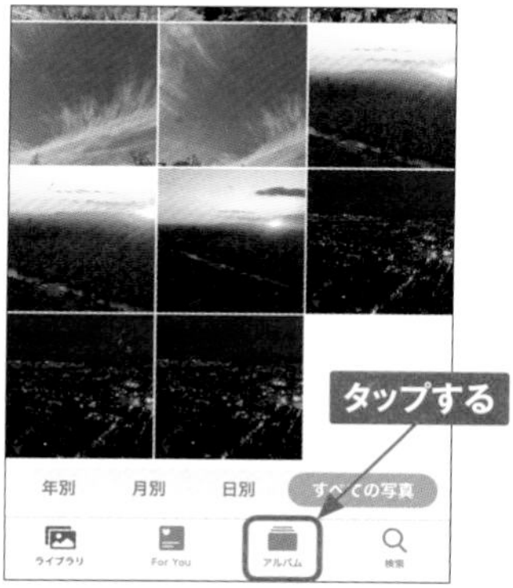

3 ＜マイフォトストリーム＞をタップします。

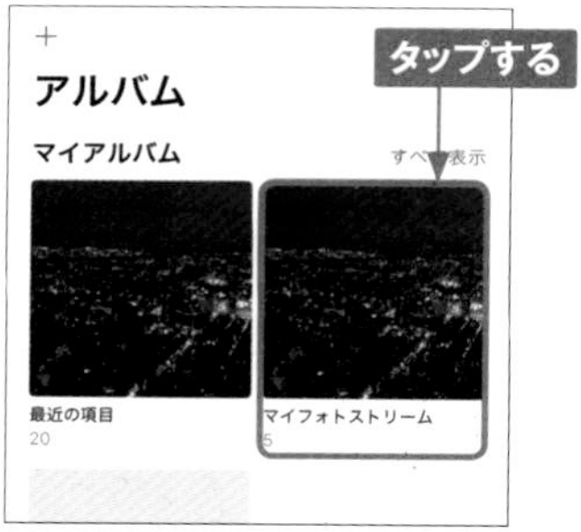

4 「マイフォトストリーム」の写真が一覧表示されます。閲覧したい写真をタップします。

5 タップした写真が表示されます。

マイフォトストリームの写真を編集する

「マイフォトストリーム」アルバムの写真は、「最近の項目」アルバムに複製することで編集が可能になります。「最近の項目」アルバムに複製した写真は、iCloud写真の写真を編集するときと同じように編集することができます（Sec.27参照）。

マイフォトストリームの写真を編集する

① P.97を参考に「マイフォトストリーム」画面を表示し、編集したい写真をタップします。

② ＜編集＞をタップします。

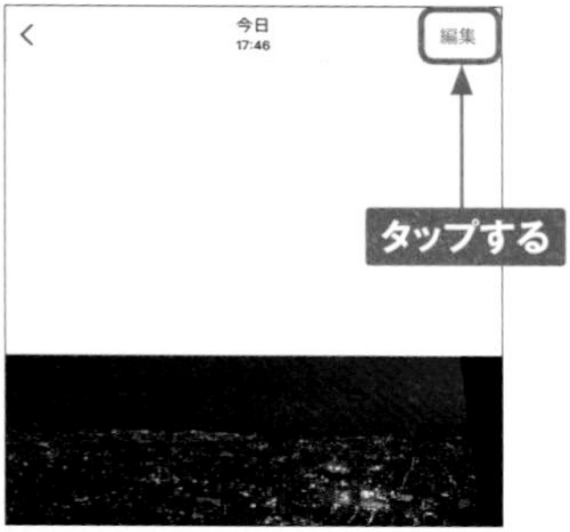

③ ＜複製して編集＞をタップします。

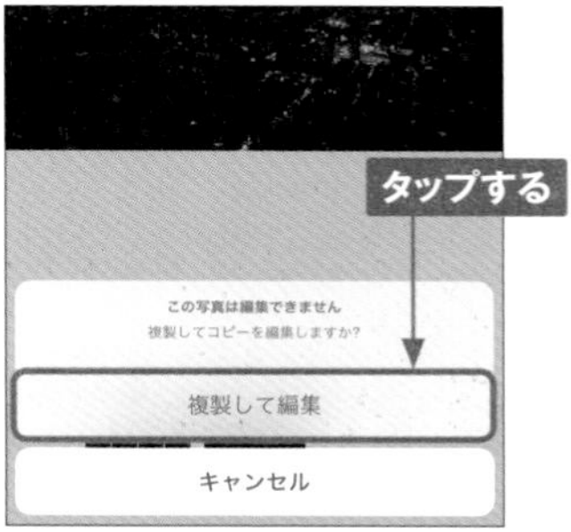

④ 編集画面が表示され、写真の編集を行うことができます。編集が完了したら、☑をタップして保存します。

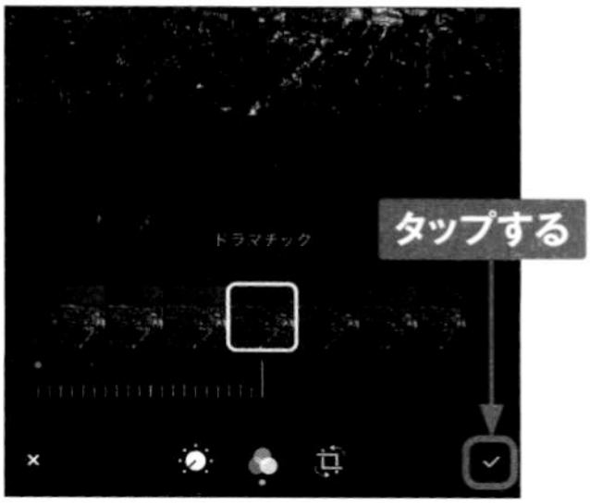

マイフォトストリームの写真を削除する

1 P.97を参考に「マイフォトストリーム」画面を表示し、削除したい写真をタップします。

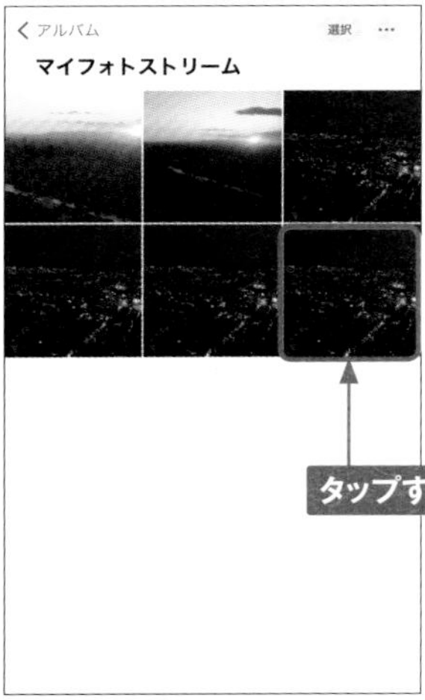

2 画面右下の をタップします。

3 <写真を削除>をタップすると、マイフォトストリームから写真が削除されます。

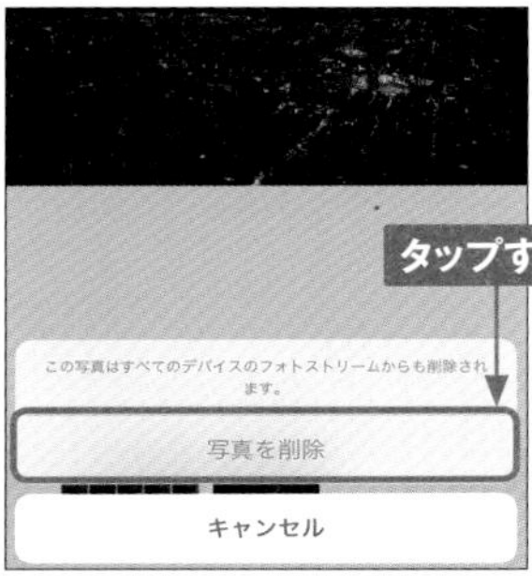

MEMO マイフォトストリームの写真を復元する

マイフォトストリームから写真を削除すると、同じアカウントでiCloudを利用しているデバイスのマイフォトストリームからも写真が削除されます。iCloud写真とは違い、マイフォトストリームから削除された写真は「最近削除した項目」に移動されず、完全に削除されることとなります。デバイス内に元からある写真は、マイフォトストリームから削除しても、デバイスからは削除されません。他のデバイスにある写真をマイフォトストリームだけから削除したい場合や、マイフォトストリームをオフにする場合は、あらかじめデバイスへ必要な写真をダウンロードしておきましょう。

Macでマイフォトストリームを利用する

Macでマイフォトストリームを利用するには、「写真」アプリを使用します。マイフォトストリームの設定後、Macの「写真」ライブラリに読み込んだ画像は、マイフォトストリームに自動でアップロードされます。

マイフォトストリームの写真を閲覧する

1 Dockのをクリックして、「写真」アプリを起動します。

写真
クリックする

2 メニューバーで＜写真＞→＜環境設定＞の順にクリックします。

写真
ファイル
編集
イメージ
表示
ウインドウ
ヘルプ
写真について
環境設定...
削除済み項目を消去
サービス
写真を非表示
ほかを非表示
すべてを表示
写真を終了
①クリックする
2017年10月10日
②クリックする

3 ＜iCloud＞をクリックし、「マイフォトストリーム」のチェックボックスをクリックします。

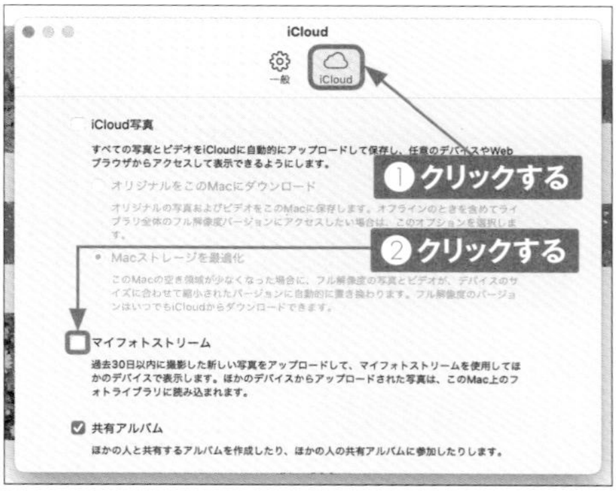
iCloud
一般
iCloud
iCloud写真
すべての写真とビデオをiCloudに自動的にアップロードして保存し、任意のデバイスやWebブラウザからアクセスして表示できるようにします。
オリジナルをこのMacにダウンロード
オリジナルの写真およびビデオをこのMacに保存します。オフラインのときを含めてライブラリ全体のフル解像度バージョンにアクセスしたい場合は、このオプションを選択します。
Macストレージを最適化
このMacの空き領域が少なくなった場合に、フル解像度の写真とビデオが、デバイスのサイズに合わせて縮小されたバージョンに自動的に置き換わります。フル解像度のバージョンはいつでもiCloudからダウンロードできます。
マイフォトストリーム
過去30日以内に撮影した新しい写真をアップロードして、マイフォトストリームを使用してほかのデバイスで表示します。ほかのデバイスからアップロードされた写真は、このMac上のフォトライブラリに読み込まれます。
共有アルバム
ほかの人と共有するアルバムを作成したり、ほかの人の共有アルバムに参加したりします。
①クリックする
②クリックする

4 サイドバーの＜マイフォトストリーム＞をクリックすると、マイフォトストリームの写真が表示されます。

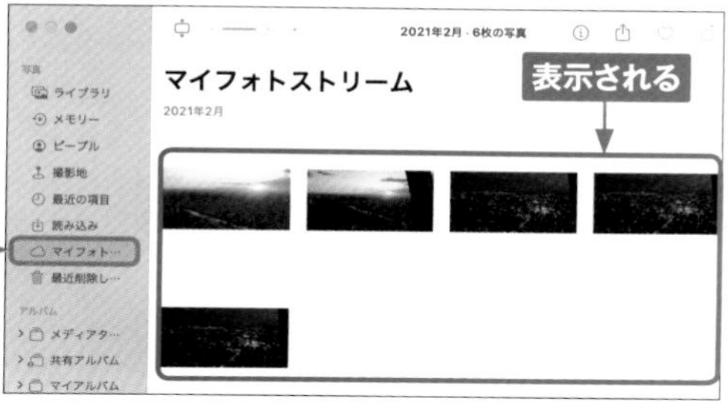

マイフォトストリームに写真を追加する

1 「写真」アプリを起動し、サイドバーの＜読み込み＞をクリックします。

2 マイフォトストリームに追加したいMac内の写真をドラッグ&ドロップします。

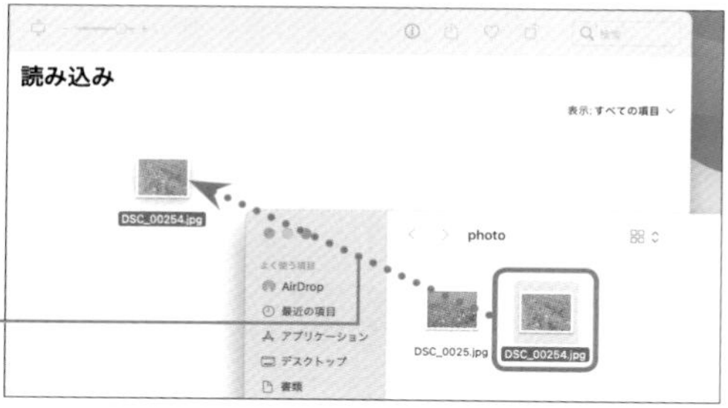

3 サイドバーの＜マイフォトストリーム＞をクリックすると、追加した写真を確認できます。

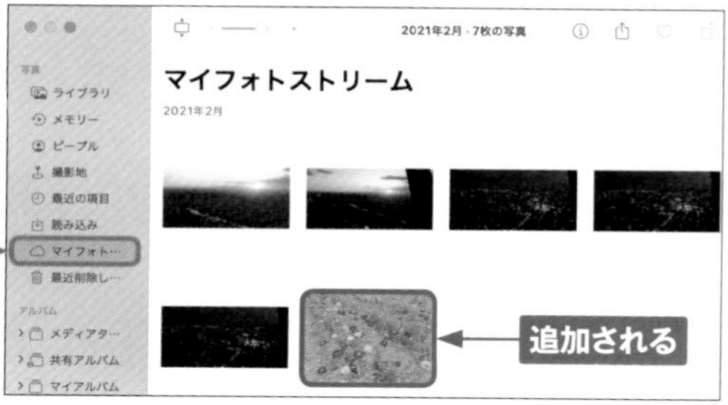

Section 35

Application

Windowsでマイフォトストリームを利用する

Windowsでマイフォトストリームを利用するには、Windows 7およびWindows 8に対応したWindows用iCloudのインストールが必要です（P.103MEMO参照）。マイフォトストリームの写真は、エクスプローラーから閲覧や追加ができます。

マイフォトストリームの写真を閲覧する

① Sec.19を参考にWindows用iCloudを表示して、「写真」の＜オプション＞をクリックします。

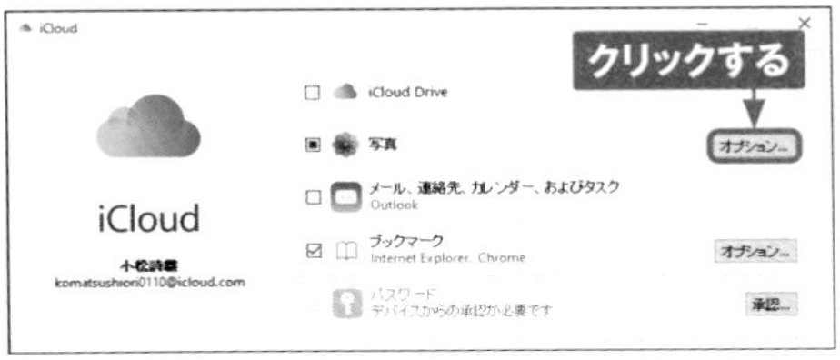

② 「自分のフォトストリーム」にチェックを付け、＜終了＞→＜適用＞の順にクリックします。

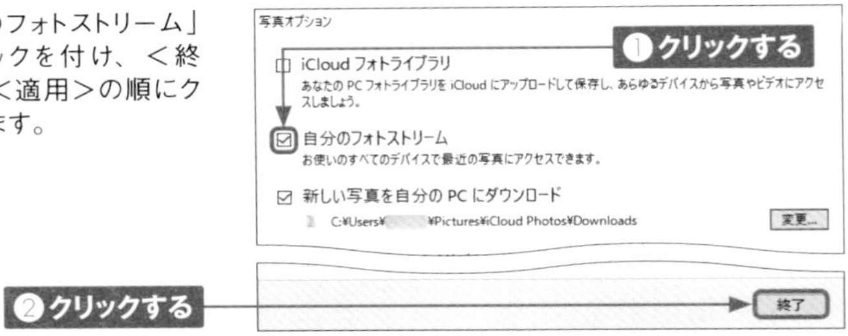

③ 手順②の画面で「新しい写真を自分のPCにダウンロード」に表示されているフォルダ（ここではエクスプローラー→「PC」→「ピクチャ」→「iCloud写真」→「ダウンロード」）を表示すると、iPhoneで撮影した写真がiCloudからダウンロードされて表示されます。

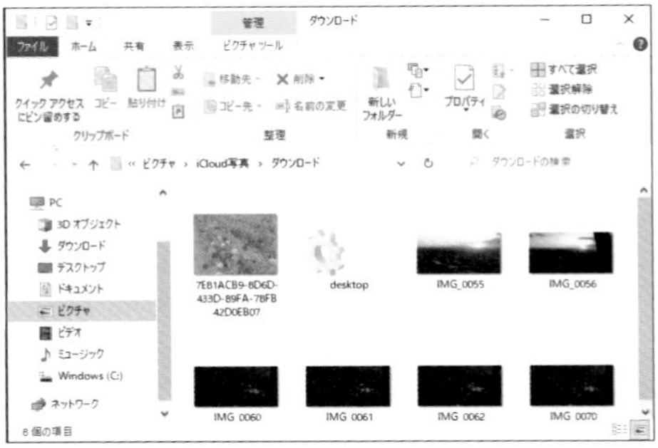

マイフォトストリームに写真を追加する

① エクスプローラーで「PC」→「ピクチャ」→「iCloud写真」を順に表示し、＜アップロード＞をダブルクリックします。

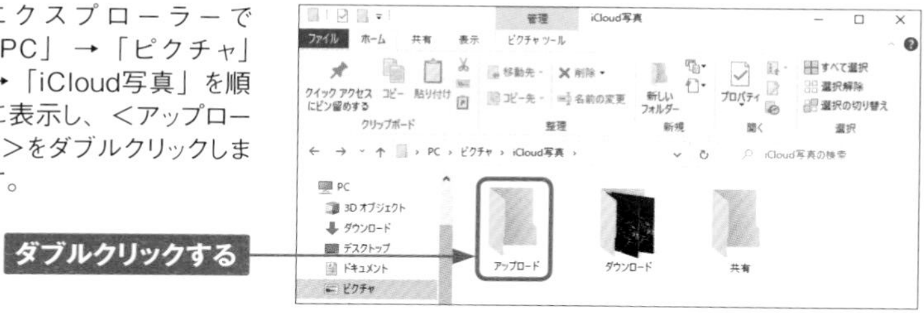

② マイフォトストリームに追加したいWindows内の写真をドラッグ&ドロップします。

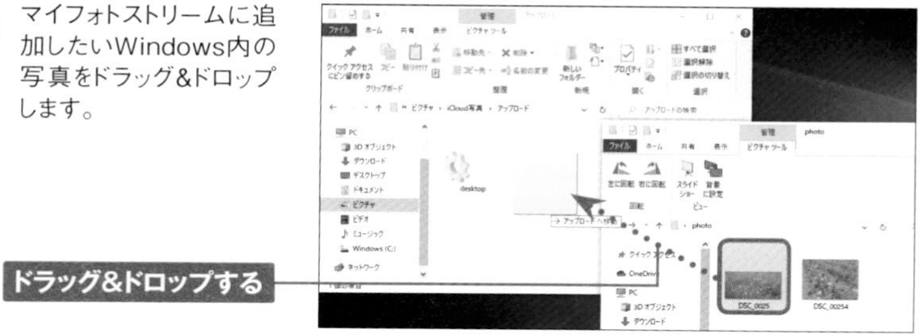

③ 同じiCloudアカウントを設定したiPhoneで「マイフォトストリーム」を表示すると、手順②でアップロードした写真がマイフォトストリームに反映されます。

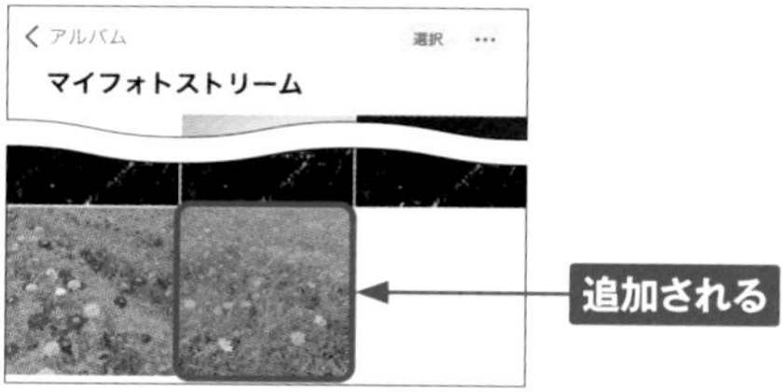

MEMO マイフォトストリームが利用できるWindows用iCloud

2021年4月時点の最新のWindows用iCloudでは、マイフォトストリームを利用できません。マイフォトストリームを利用するには、P.62手順①の画面で＜AppleのWebサイトからWindows用iCloudをダウンロード＞をクリックし、Windows 7およびWindows 8に対応したWindows用iCloudをインストールする必要があります。このiCloudはWindows 10でも利用可能ですが、一部項目の表示が異なる場合があります。

Section 36

Application

共有アルバムで写真や動画を共有する

「共有アルバム」は、家族や友だちなどほかのiCloudユーザーと写真や動画を共有する機能です。なお、共有アルバムを利用するには、P.81手順③の画面で「共有アルバム」を有効にしておきます。

5

iPhone／iPadで共有アルバムを利用する

1 「写真」アプリを起動し、＜アルバム＞→＋→＜新規共有アルバム＞の順にタップします。

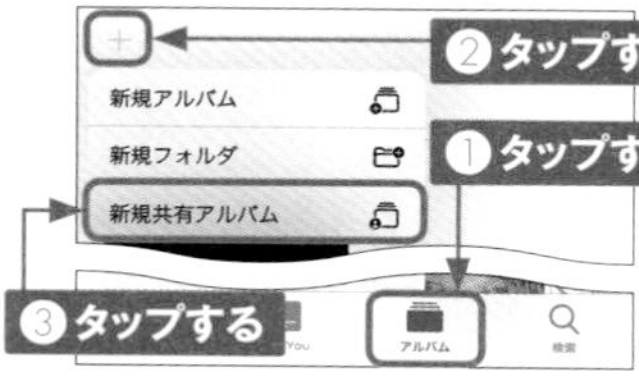

2 共有アルバムのタイトルを入力して、＜次へ＞をタップします。

3 アルバムを共有する相手のメールアドレス（P.105MEMO参照）を入力し、＜作成＞をタップします。⊕をタップして、「連絡先」から宛先を選択することも可能です。

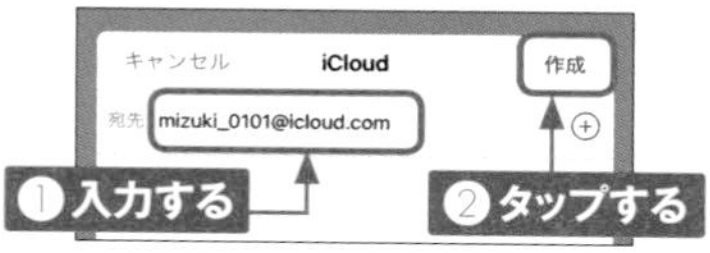

4 作成したアルバム→＋の順にタップします。

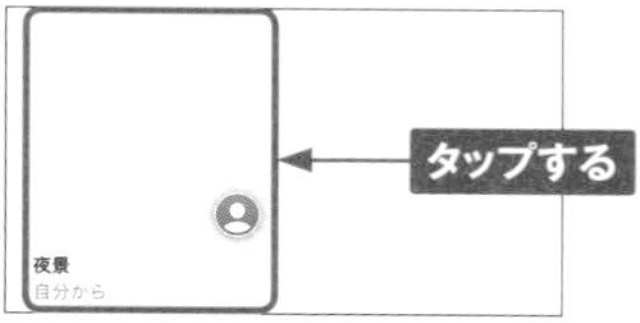

5 共有する写真をタップして選択し、＜完了＞をタップします。

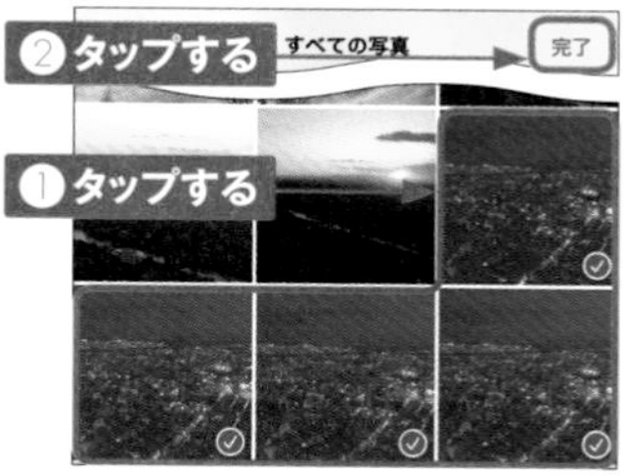

6 任意でコメントを入力し、＜投稿＞をタップすると、共有アルバムに写真がアップロードされます。

Macで共有アルバムを利用する

Macでは「写真」アプリを使って「共有アルバム」を利用します。あらかじめP.57を参考に「共有アルバム」のチェックボックスをクリックし、チェックを付けて有効にしておきます。

1 P.88手順①を参考に「写真」アプリを起動し、共有したい写真を選択し、⎙→＜共有アルバム＞の順にクリックします。

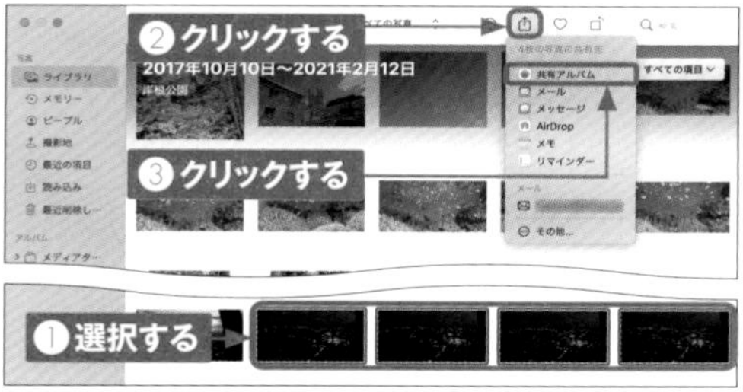

2 写真のキャプションを入力し、＜新規共有アルバム＞をクリックします。また、既存の共有アルバムをクリックすると、そのアルバムに写真を追加することができます。

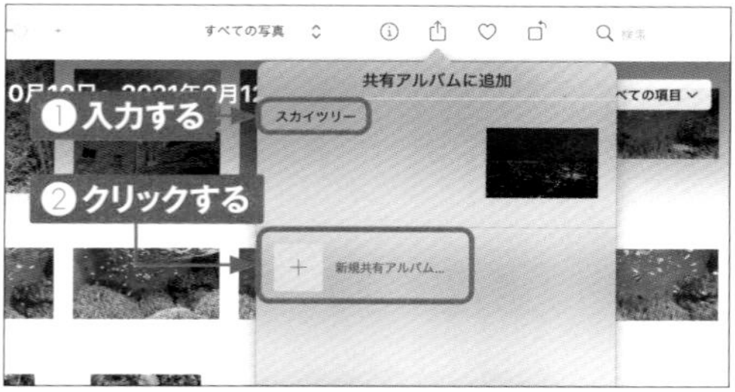

3 アルバムのタイトルと共有する相手のメールアドレスを入力して、＜作成＞をクリックすると、共有アルバムが作成されます。

MEMO

共有アルバムの機能

招待を受け取った人が＜参加する＞を選択すると、共有アルバムの写真を閲覧したり、コメントやいいね!を付けたりできるようになります。また、設定によっては参加者も写真や動画が投稿できます。

Windowsで共有アルバムを利用する

Windows 10では「iCloud共有アルバム」アプリを使って「共有アルバム」を利用することができます。あらかじめP.75を参考に「共有アルバム」のチェックボックスをクリックし、チェックを付けて有効にしておきます。

1 P.64手順①を参考にスタート画面で＜iCloud共有アルバム＞をクリックして起動し、＜新規共有アルバム＞をクリックします。

2 共有する相手のメールアドレスとアルバムのタイトルを入力して、＜次へ＞をクリックします。

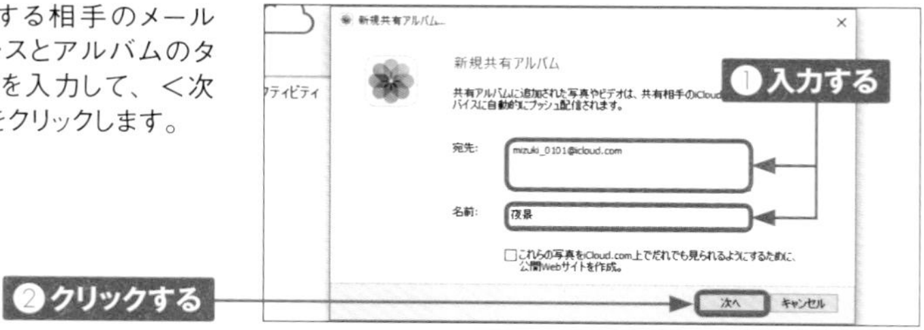

3 ＜写真またはビデオを選択＞をクリックし、共有したい写真を選択したら、＜開く＞をクリックします。

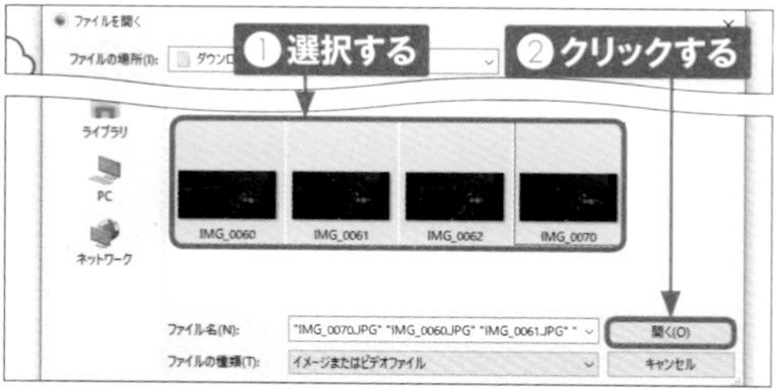

4 写真が追加されます。＜終了＞をクリックすると、共有アルバムが作成されます。

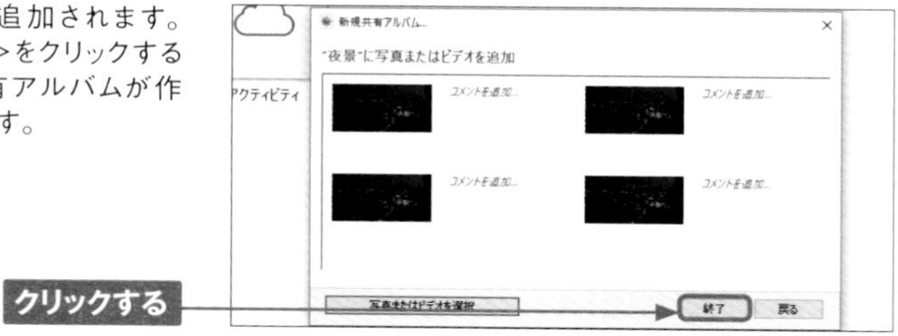

Chapter 6

iCloudで書類を共有する

Section 37

iCloud Driveでできること

iCloud Driveを利用すれば、複数のアプリのファイルを、iCloudの中に安全に保存しておき、WindowsパソコンやMac、iPadなどのApple製品といった複数の機器からいつでもアクセスできます。

iCloud Driveとは

iCloud Driveは、iCloudのクラウドストレージ機能です。iCloudアカウントを取得することで利用することができます。iCloudストレージの容量内であれば、どのような形式のファイルでもiCloud Driveに保存することが可能です（1ファイルの最大サイズは15GB）。「OneDrive」や「Googleドライブ」、「Dropbox」といったサービスと同様の位置付けと考えてよいでしょう。MacおよびWindows搭載のパソコンのほか、iOS搭載デバイスでは、「ファイル」アプリから利用することができます。

●iCloudとiCloud Driveの違い

iCloud DriveはiCloudの機能の1つです。iCloud自体にもiCloudフォトライブラリやバックアップ機能によって、さまざまな形式のファイルをアップロードできますが、保存できる形式はサービスごとに画像ファイルや動画ファイルなど、決められた形式やデータのみに限られます。しかし、iCloud Driveに保存できるファイル形式に制限はなく、画像ファイルや動画ファイルはもちろん、PDFファイルや文書ファイルといった形式のファイルも保存することができます。

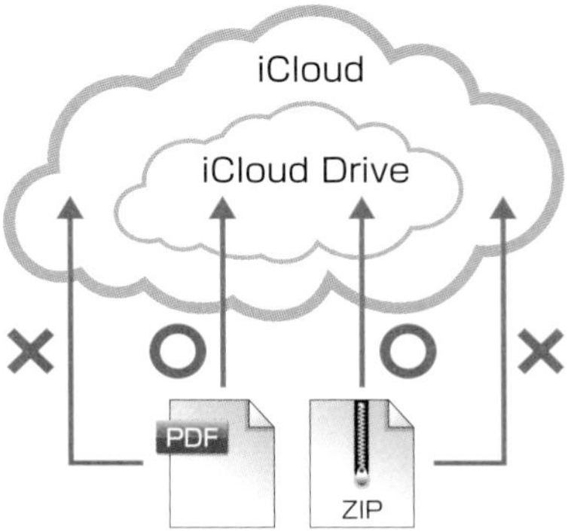

MEMO 「ファイル」アプリとは

「ファイル」アプリはiOS 11から標準アプリとして追加されました。iCloud Driveやデバイス内にあるファイルを一括で管理することができ、フォルダの作成やファイルの移動などもかんたんに行えます。

iCloud対応アプリと連携して利用できる

Webブラウザから利用できるiCloud.comでは、「Pages」「Numbers」「Keynote」といった、Apple製のアプリを利用することができます。その際、作成したデータはすべて自動的にiCloud Driveへ保存されるので、「パソコンで作成したファイルを、iPhoneを使って外出先で編集する」といったことも、ごく自然かつかんたんに行えます。

Pages

Pagesは、さまざまな書類を作成できるワープロアプリです。レポートや請求書はもちろん、封筒の書面や、名刺、ポスターを作成するためのテンプレートも用意されているので、文字だけでなく、写真をレイアウトした書類も作成できます。Wordファイルを開くこともできます。

Numbers

Numbersは、表の作成や計算を行えるアプリです。「家計簿」や「貯蓄プラン」など、ビジネス以外にもさまざまな用途に対応したテンプレートが用意されているので、表計算ソフトが苦手な人でもかんたんに利用できます。Excelファイルを開くこともできます。

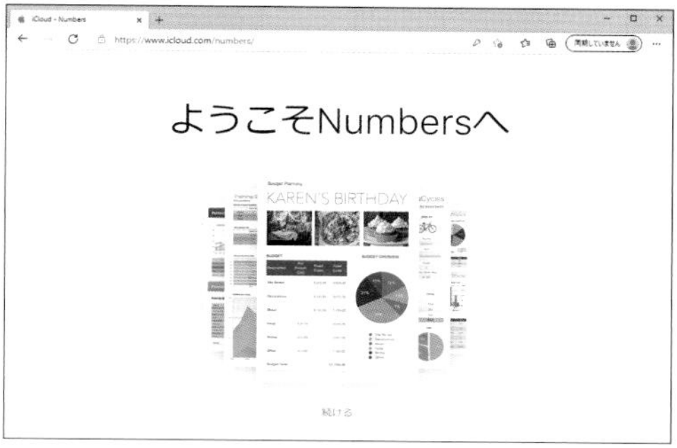

Keynote

Keynoteは、プレゼンテーション用のスライドを作成するアプリです。トラジションやエフェクトを使った、魅力的なスライドを作成することができます。また、スライド1枚ずつに対してもテンプレートを選択することが可能です。PowerPointファイルを開くこともできます。

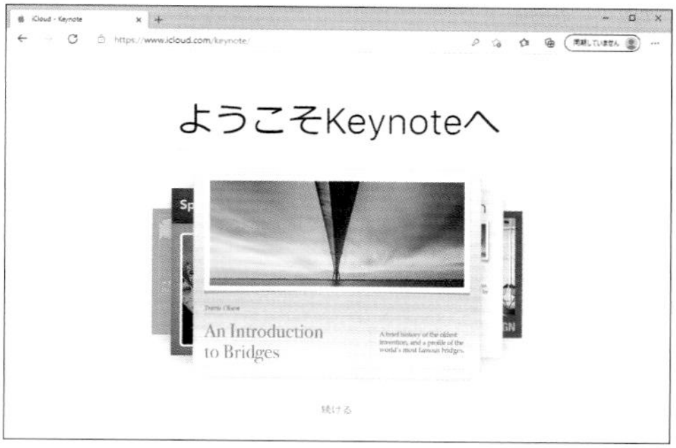

iPhoneで iCloud Driveを利用する

App Storeで公開されているアプリの中には、「Pages」や「Numbers」といったアプリ以外にも、iCloudに対応しているアプリがあります。ここではiCloudに対応したアプリと、iPhoneでのiCloud Driveの利用方法を解説します。

iCloud Driveに対応したiOSアプリ

Apple製のアプリには、iCloud.comで利用できる「Pages」「Numbers」「Keynote」といったアプリ（P.109参照）のほかにも、映像を編集できる「iMovie」や、自由に音楽を作曲できる「GarageBand」などがあります。これらのアプリはすべてiCloud Driveに対応しており、データをiCloud Driveに直接保存できます。
また、Windowsの「Microsoft Word」「Microsoft Excel」といったMicrosoft Officeアプリも、Windows用iCloudを設定していれば、新規作成・編集したデータの保存先をiCloud Driveに指定することができます。 iCloudを利用することで、WindowsのパソコンでJ作成したExcelファイルをiPhoneで編集する、といった作業もスムーズに行えます。
iOS用のMicrosoft OfficeアプリもiCloudに対応しており、アプリ自体は無料でインストールできますが、利用にはMicrosoft OfficeにサインインできるMicrosoftアカウントが必要です。

iPhoneなどで「App Store」アプリを起動し、＜検索＞をタップして「Apple」と検索すると、Apple製のアプリが一覧表示されます。

iOS用のOfficeアプリをインストールしていなくても、「Pages」などでWordやExcel形式のファイルの閲覧は可能です。

iMovie

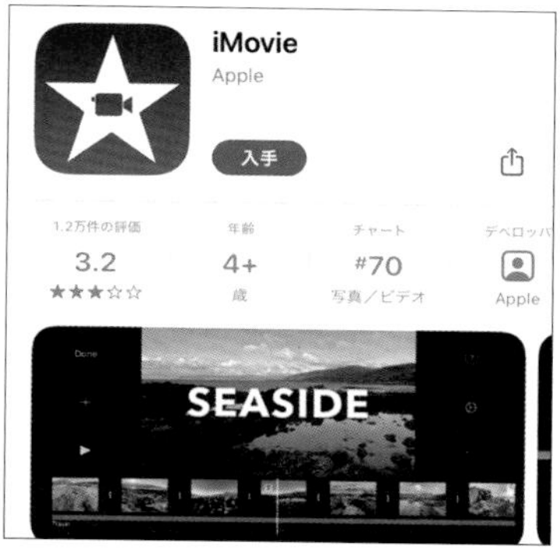

Appleが提供する動画編集アプリです。iPhoneで撮影した動画や保存済みの動画を取り込むことで、トリミングやテロップ挿入、エフェクトなどを使用してオリジナルの動画を作成できます。

GarageBand

Appleが提供する音楽制作アプリです。iPhoneのみで専門的な機材は必要なく、手軽な操作で音楽作りを楽しむことができ、プロのミュージシャンがデモ音源を制作する際にも使用されています。

Documents

Readdleが提供するファイル管理アプリです。iPhone内のフォルダを表示し、ファイルの移動やコピー、編集などを行えます。多くのファイル形式に対応しており、ビューワーとしても利用できます。

Scanner Pro

Readdleが提供するスキャンデータ作成アプリです。iPhoneのカメラで撮影した画像をスキャンし、PDFファイルとしてストレージサービスに保存したり、メールで送信したりすることができます。

iCloud Driveを有効にする

① ホーム画面で＜設定＞をタップします。

② 自分の名前をタップします。

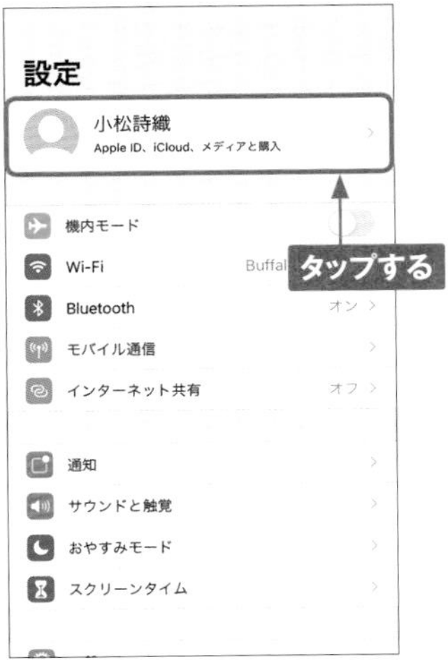

③ ＜iCloud＞をタップします。

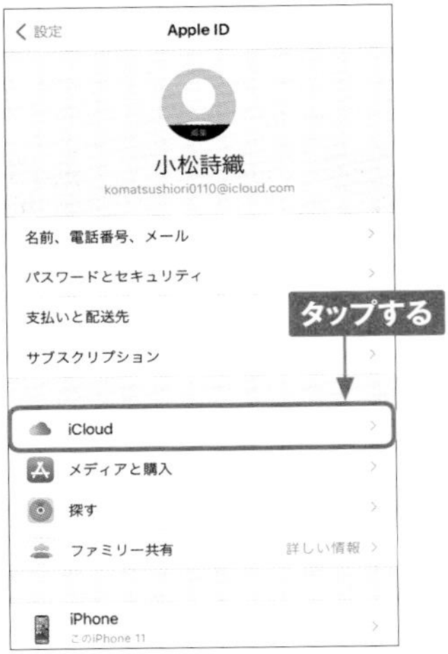

④ 「iCloud Drive」の をタップして にします。

6

iCloud Drive上のファイルを開く

1 ホーム画面で<ファイル>をタップします。

2 <ブラウズ>をタップし、<iCloud Drive>をタップします。

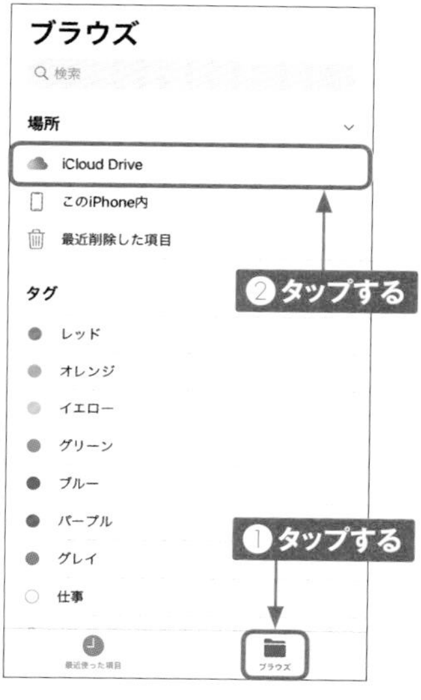

3 iCloud Driveに保存されているファイルが表示されます。 開きたいファイルをタップします。

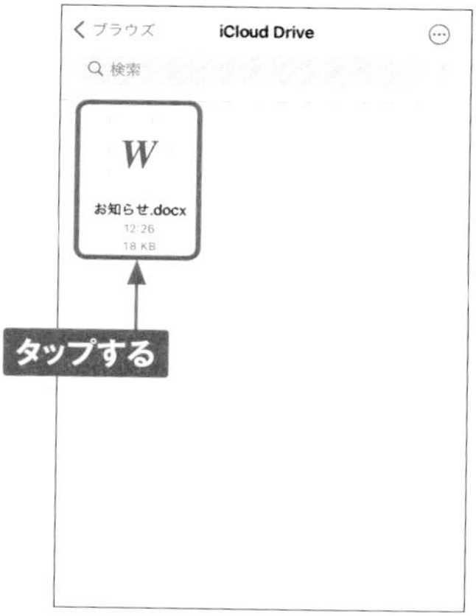

4 ダウンロードが始まり、ファイルが開きます。

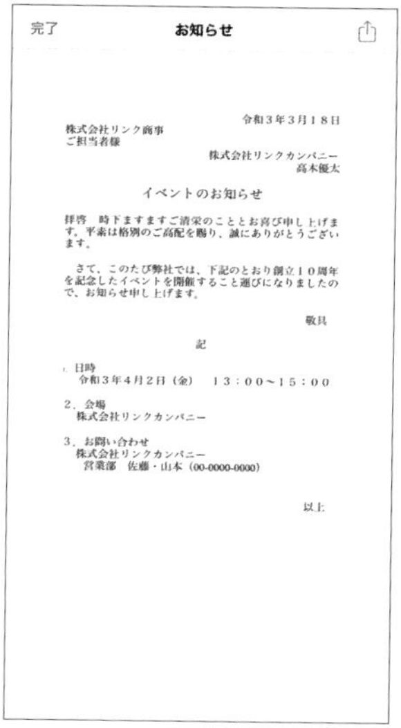

Section 39

Application

iCloud Driveの
ファイルを操作する

iCloud Driveのファイルは、iPhoneの標準アプリ「ファイル」アプリから閲覧や編集が可能です。ここではApple製の「Pages」を例に解説していますが、「Numbers」「Keynote」でも同様の手順で操作することができます。

ファイルをアップロードする

1 P.113を参考に「ファイル」アプリで「ブラウズ」画面を表示し、＜このiPhone内＞をタップします。

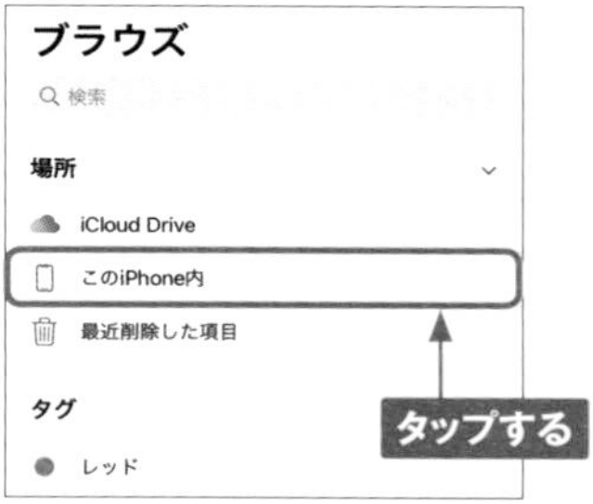

2 iCloud Driveにアップロードしたいファイルをタップします。

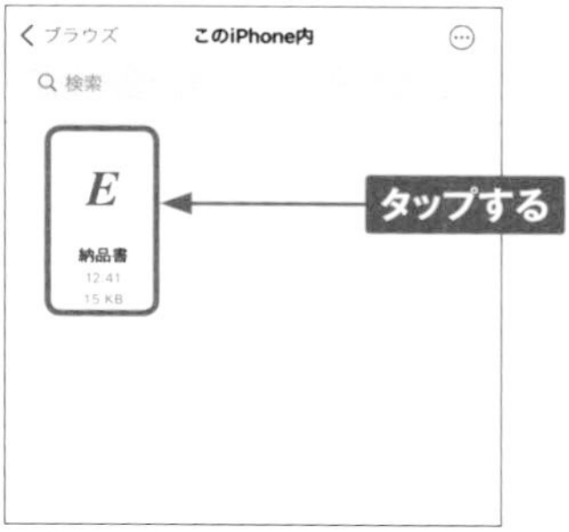

3 をタップし、＜"ファイル"に保存＞をタップします。

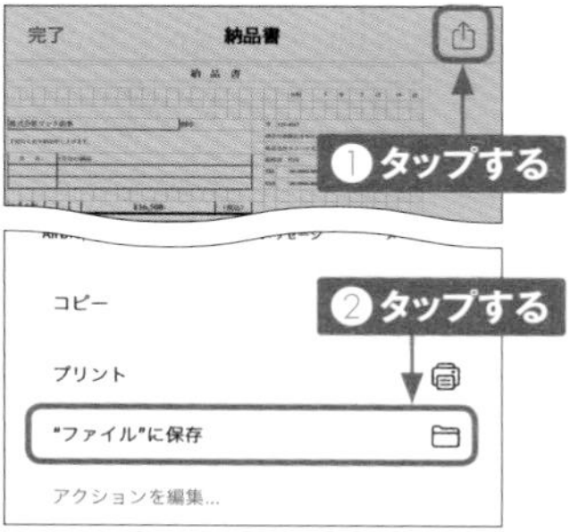

4 ＜iCloud Drive＞をタップし、＜保存＞をタップします。

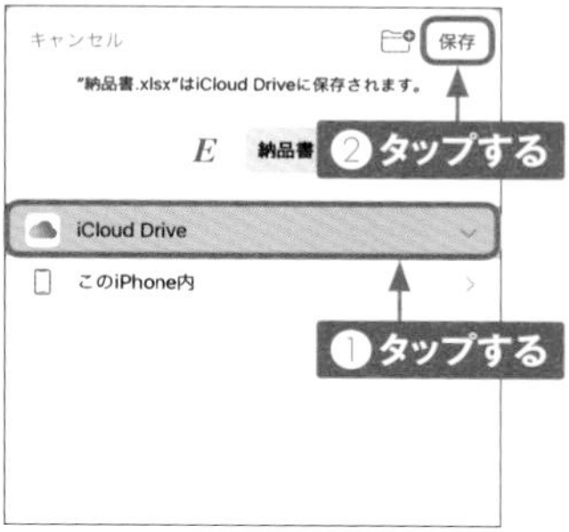

メールの添付ファイルをiCloud Driveにアップロードする

1 添付ファイル付きのメールを表示し、添付ファイルをタップします。

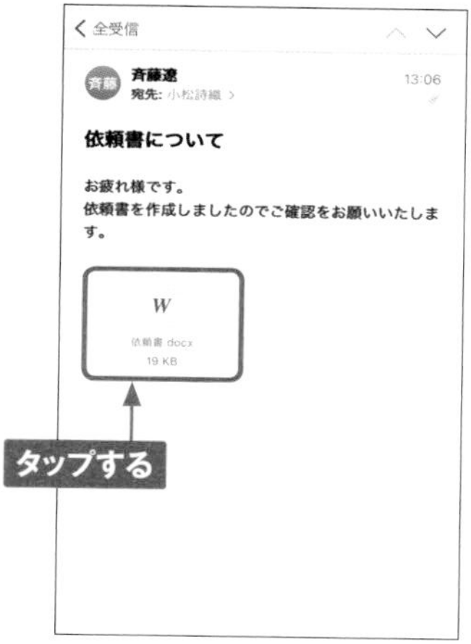

2 ⇧をタップし、<"ファイル"に保存>をタップします。

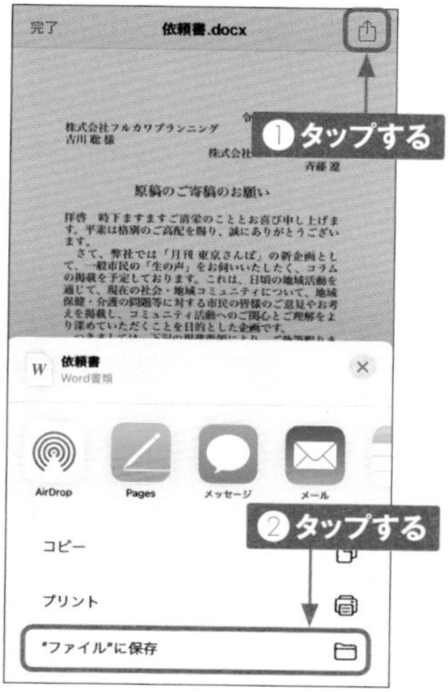

3 <iCloud Drive>をタップし、<保存>をタップします。

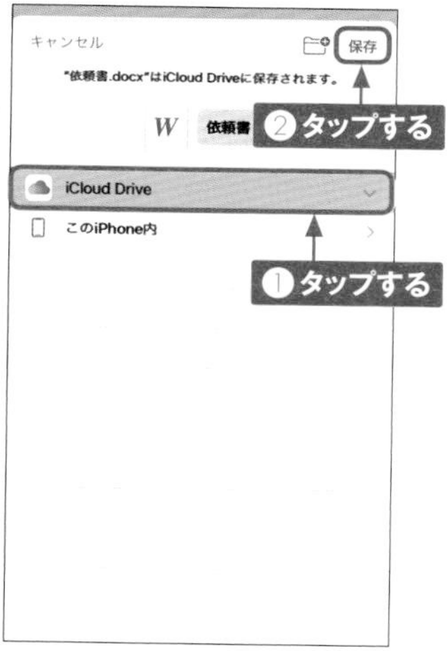

MEMO そのほかの保存方法

iPhone 6s以降のiPhoneでは、添付ファイルをタッチして<"ファイル"に保存>をタップすることでも、手順③の画面を表示できます。

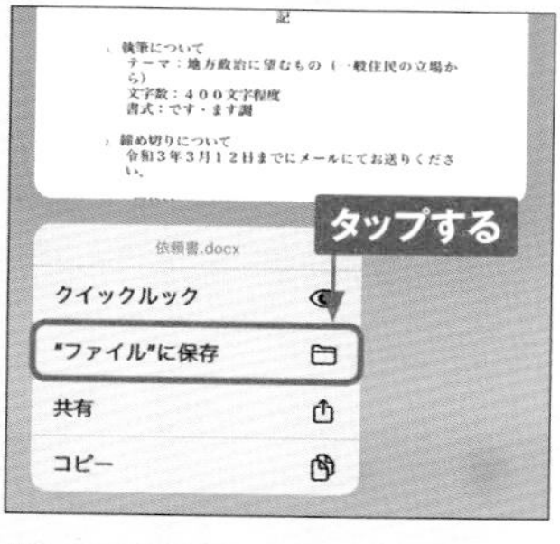

ファイルを編集する

1 あらかじめiCloud Drive対応のアプリ（ここでは「Pages」アプリ）をインストールしておきます。P.113を参考に「ファイル」アプリで「ブラウズ」画面を表示し、<iCloud Drive>をタップします。

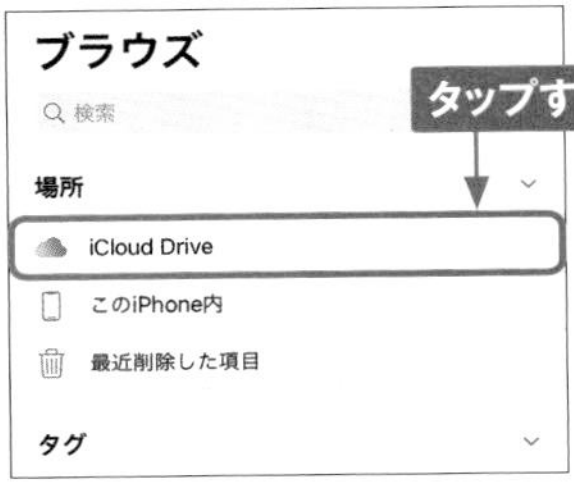

2 編集したいファイルをタップして開きます。

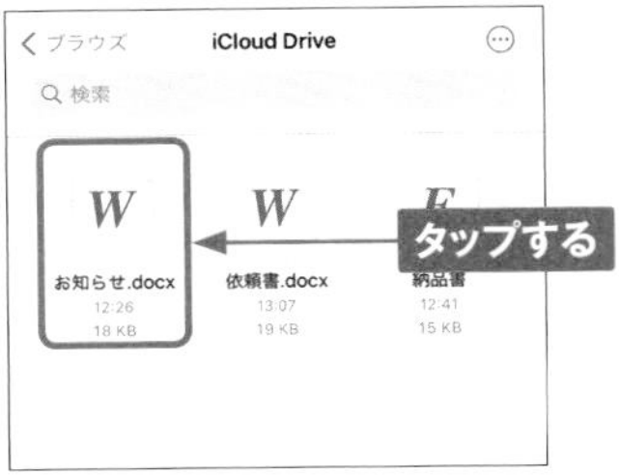

3 をタップし、編集に使用するアプリ（ここでは<Pages>）をタップします。

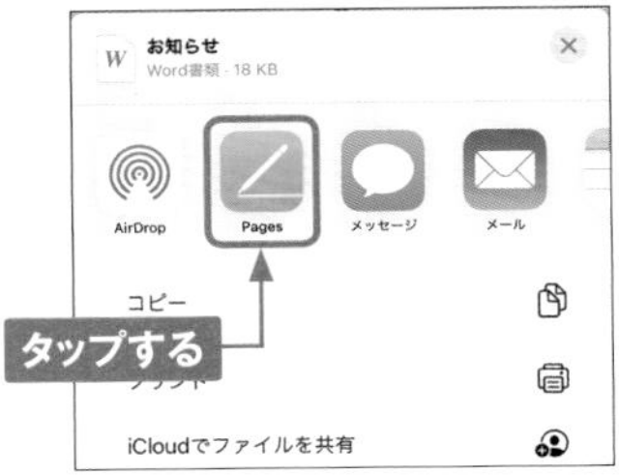

4 「読み込みの詳細」画面が表示されたら<完了>をタップします。<編集>をタップします。

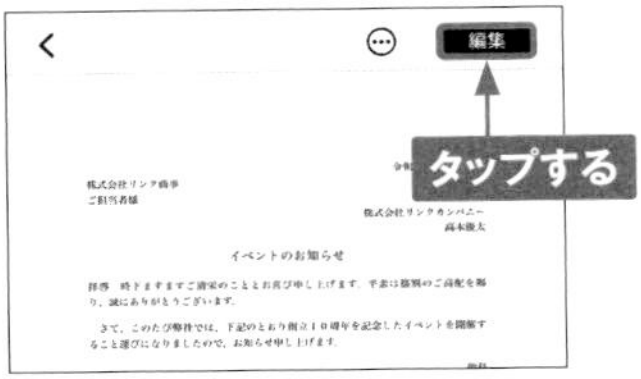

5 編集が完了したら、<完了>→＜の順にタップします。

MEMO iCloud Drive対応のアプリから編集する

iCloud Driveのファイルは、iCloud Drive対応のアプリからも編集が可能です。たとえば「Pages」アプリでは、「ファイル」アプリと同様の手順でファイルを表示し、<編集>をタップすることで編集画面を開けます。

6

ファイルを削除する

1 P.113を参考に「ファイル」アプリで「ブラウズ」画面を表示し、<iCloud Drive>をタップします。

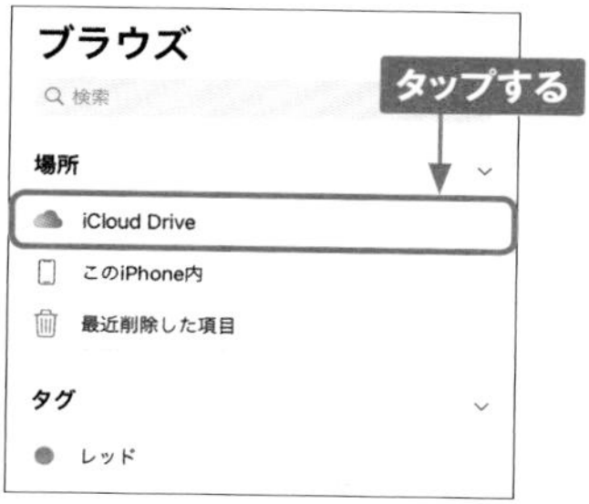

2 削除したいファイルをタッチします。

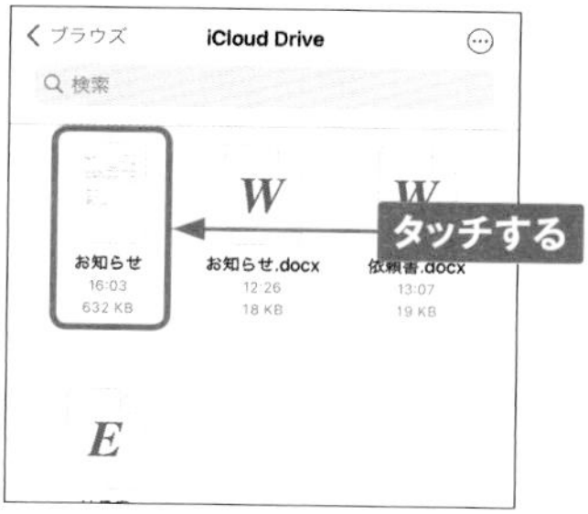

3 <削除>をタップします。

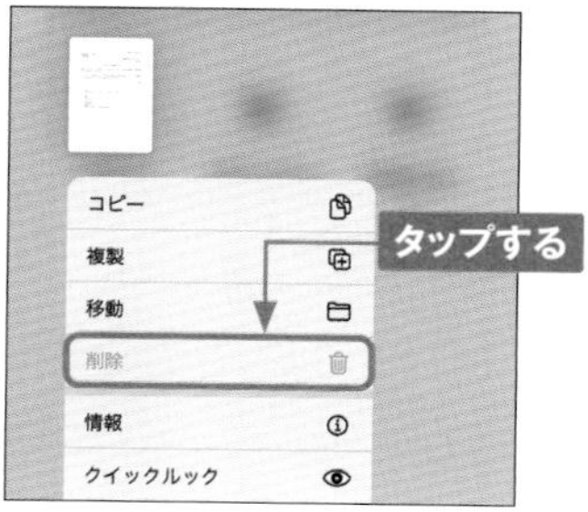

4 ファイルが削除されます。「ファイル」アプリから削除したファイルは、iCloud Drive対応のアプリからも削除されます。

MEMO 複数のファイルを削除する

複数のファイルを同時に削除したい場合は、画面右上の⋯→<選択>の順にタップし、削除したいファイルにチェックを付けて🗑をタップします。

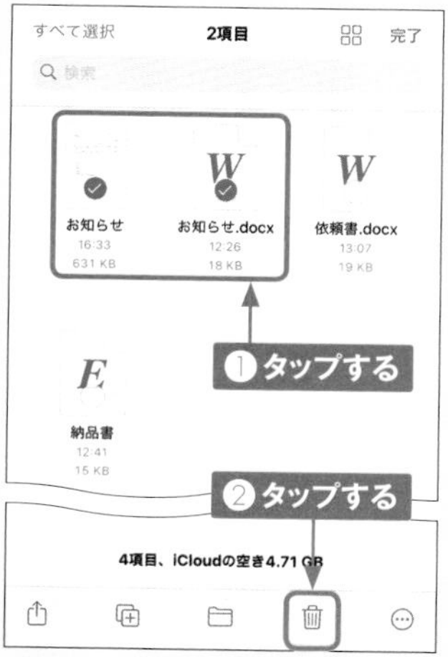

フォルダを作成する

1 P.113を参考に「ファイル」アプリで「ブラウズ」画面を表示し、<iCloud Drive>をタップします。

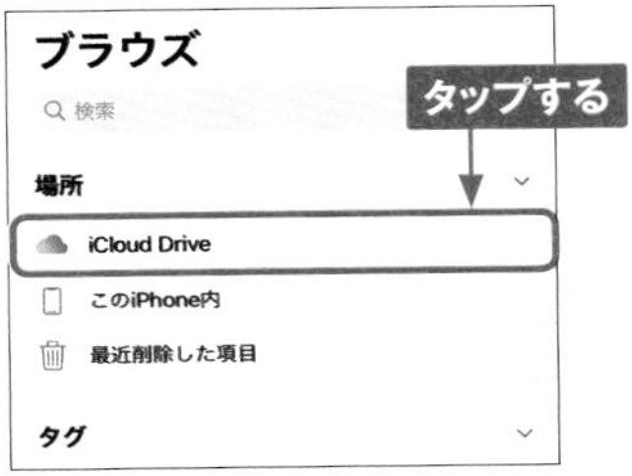

2 画面右上の⊙をタップします。

3 <新規フォルダ>をタップします。

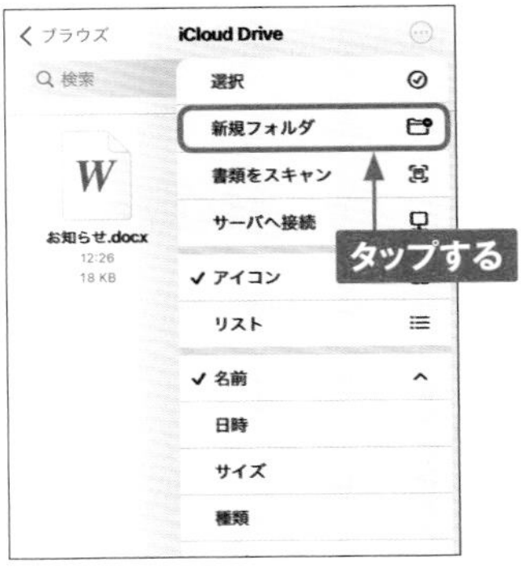

4 フォルダ名を入力し、キーボードの<完了>をタップします。

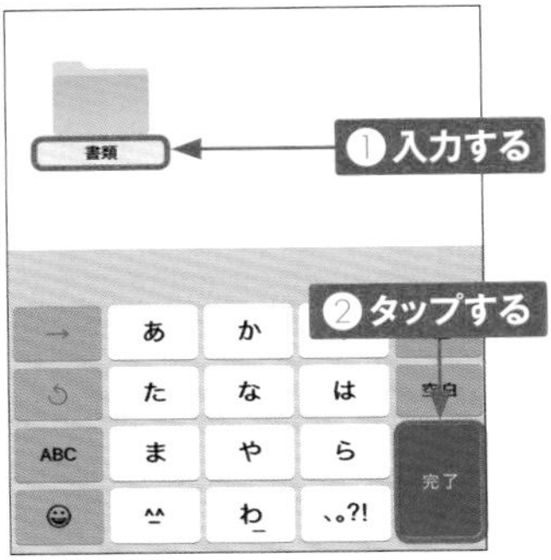

5 フォルダが作成されます。

MEMO フォルダを削除する

作成したフォルダの削除は、P.117のファイルの削除と同様の手順で行えます。なお、フォルダを削除するとフォルダ内のファイルも削除されてしまうので注意しましょう。

6

ファイルをフォルダに移動する

① フォルダに移動したいファイルをタッチします。

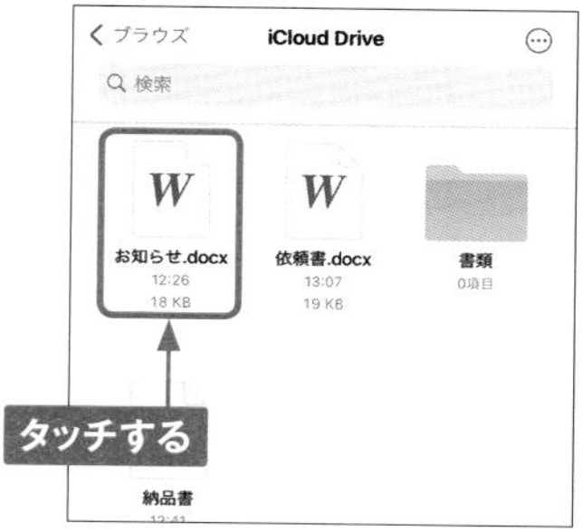

② <移動>をタップします。

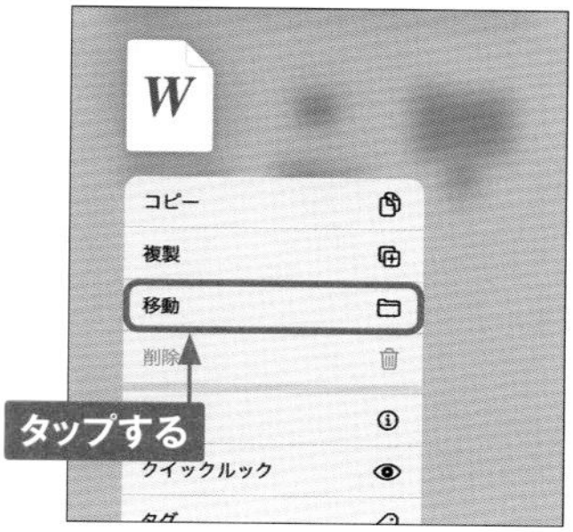

③ 移動先のフォルダをタップし、<移動>をタップします。

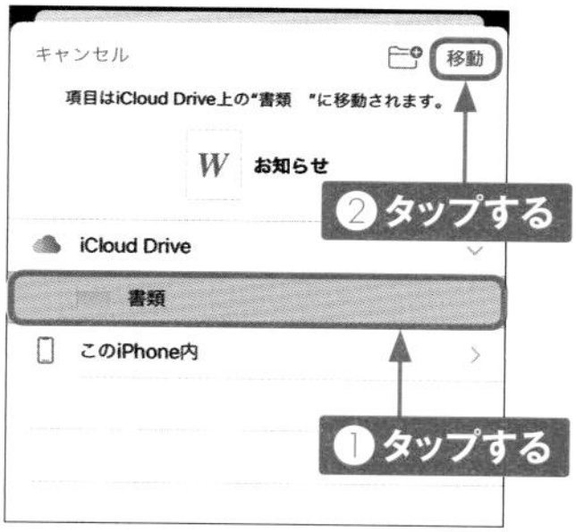

④ 移動先のフォルダをタップします。

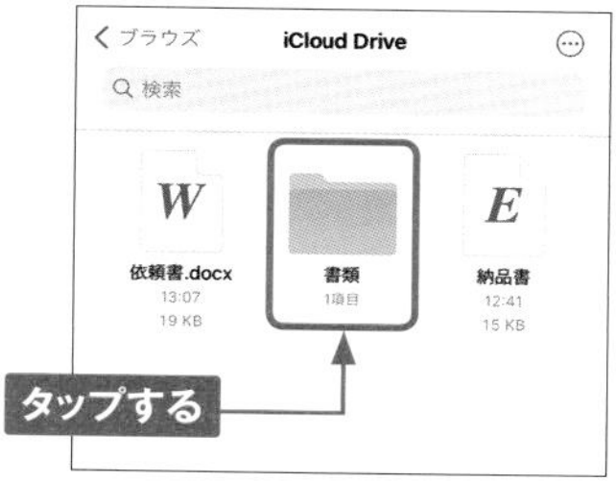

⑤ 手順①で選択したファイルが移動していることが確認できます。

MEMO そのほかの移動方法

手順①の画面でファイルを移動先のフォルダにドラッグ&ドロップすることでも、フォルダへの移動が可能です。

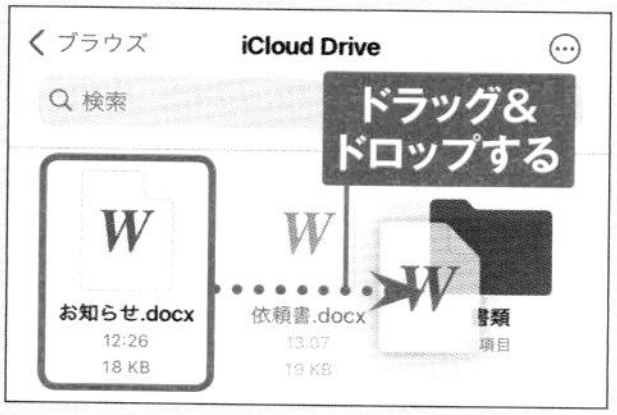

Section 40

Application

削除したファイルを復元する

「ファイル」アプリで削除したファイルはすぐに削除されず、「最近削除した項目」に一時的に移動し、30日以内であれば復元が可能です。復元したファイルは、削除前に保存されていた場所に再表示されます。

削除したファイルを復元する

1 P.113を参考に「ファイル」アプリで「ブラウズ」画面を表示し、<最近削除した項目>をタップします。

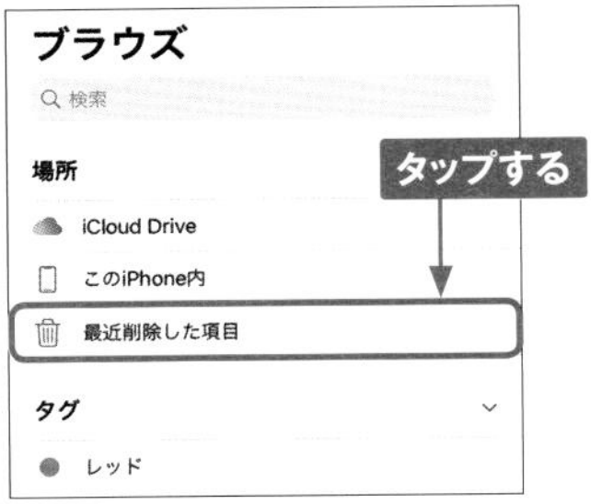

2 復元したいファイルをタッチします。

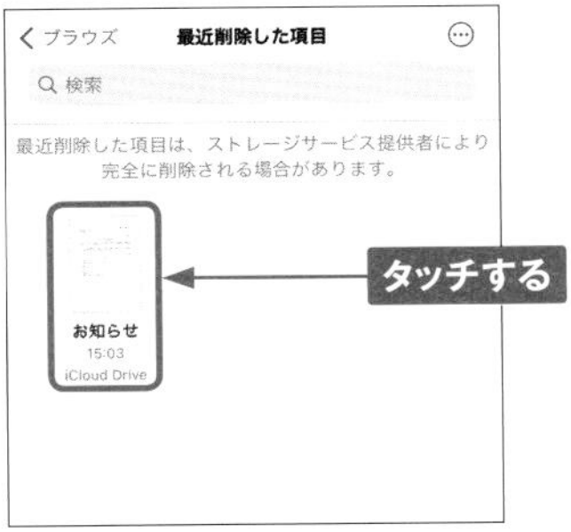

3 <復元>をタップします。

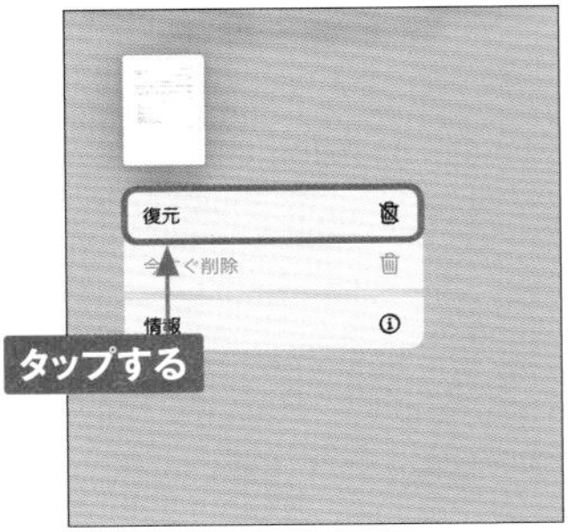

4 <ブラウズ>をタップします。

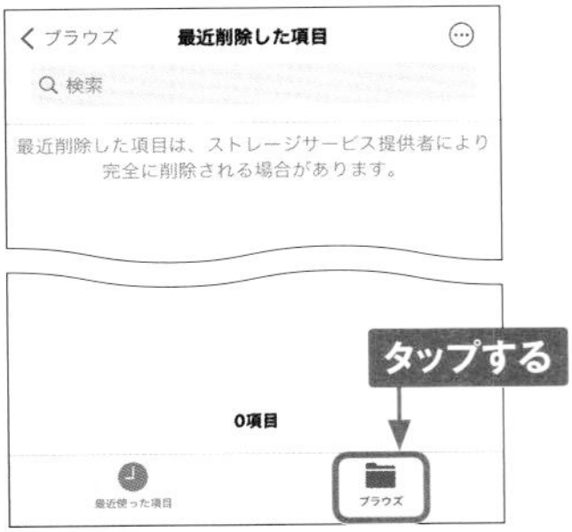

5 ＜iCloud Drive＞をタップします。

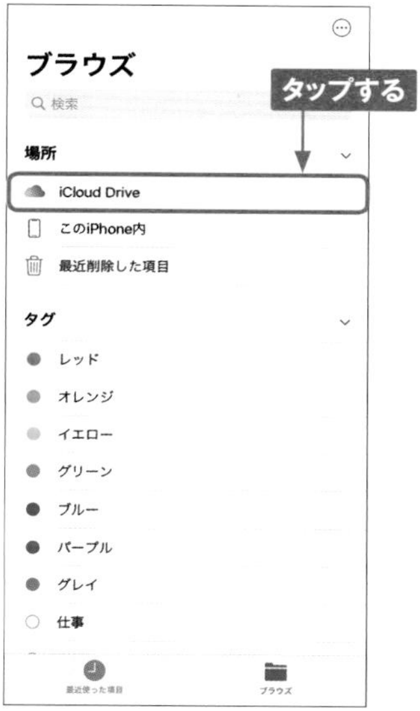

6 復元したファイルが表示されます。

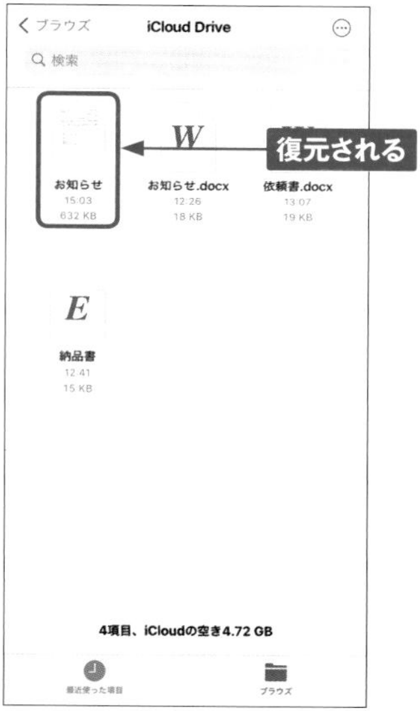

MEMO iCloud.comで削除したファイルを復元する

iPhoneやiPadで削除したファイルはどの形式のファイルでも「ファイル」アプリの「最近削除した項目」にすべて表示されますが、iCloud.comの「iCloud Drive」の場合、削除した項目は表示されません。P.135手順①～②を参考にiCloud.comにサインインし、＜アカウント設定＞→＜ファイルの復元＞の順にクリックして復元を行いましょう。なお、iCloud Driveから削除したファイルは、削除から30日間であれば復元が可能です。

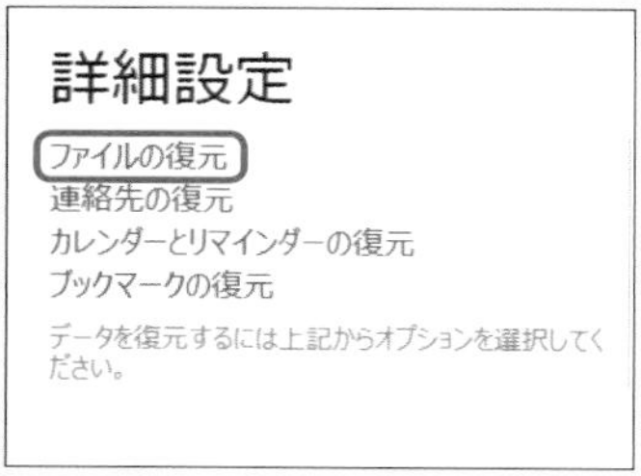

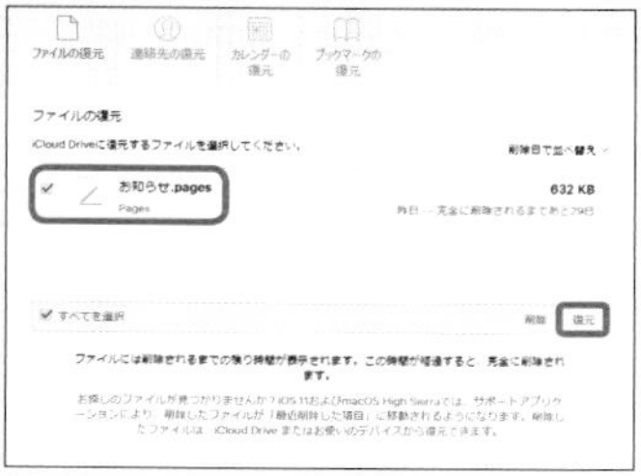

Section 41

Application

iCloud Driveのファイルを共有する

iCloud Driveのファイルは、メールやメッセージなどで共有することができます。ファイルの容量が大きい場合、zip形式に圧縮することも可能です。なお、重要なファイルを共有するときは権限にも注意しましょう（P.128参照）。

「ファイル」アプリからiCloud Driveのファイルを共有する

6

1 P.113を参考にiCloud Driveのファイルを表示し、共有したいファイルをタッチします。

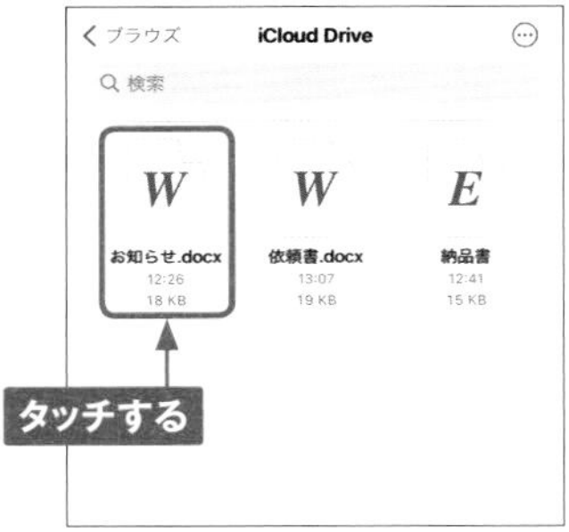

2 <共有>をタップします。

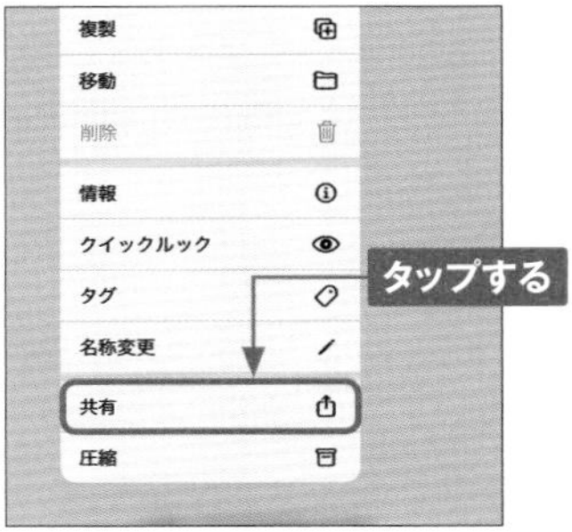

3 共有に使用するアプリ（ここでは<メール>）をタップします。

4 ファイルが添付された状態で新規メールが作成されます。宛先、件名、本文を入力し、⬆をタップして送信します。

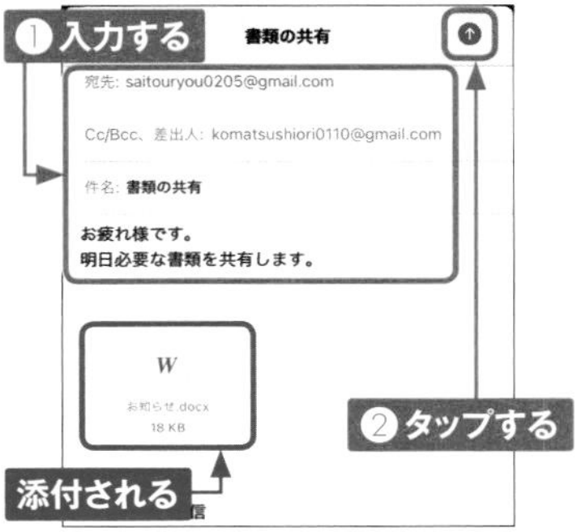

ファイルを圧縮して共有する

① P.113を参考にiCloud Driveのファイルを表示し、共有したいファイルをタッチします。

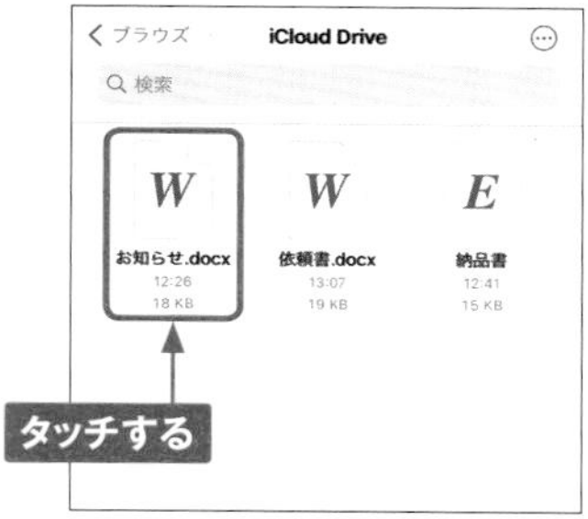

② <圧縮>をタップします。

③ 作成された圧縮ファイルをタッチします。

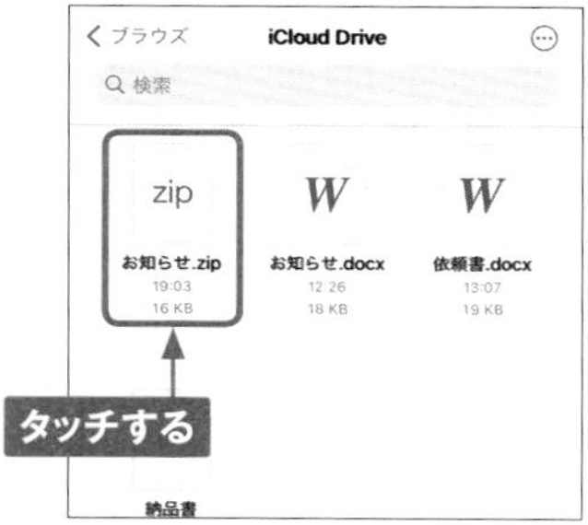

④ <共有>をタップします。

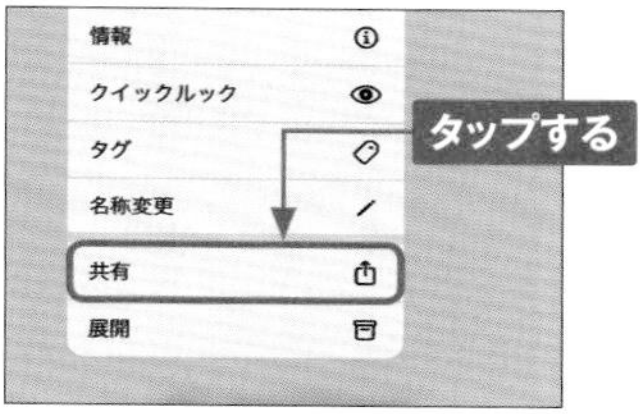

⑤ 共有に使用するアプリ（ここでは<メール>）をタップします。

⑥ ファイルが添付されます。宛先、件名、本文を入力し、⬆をタップして送信します。

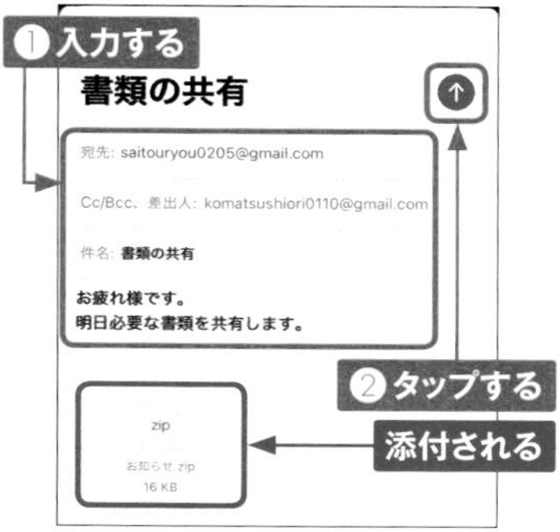

iCloudでファイルを共有する

1 P.113を参考にiCloud Driveのファイルを表示し、共有したいファイルをタッチします。

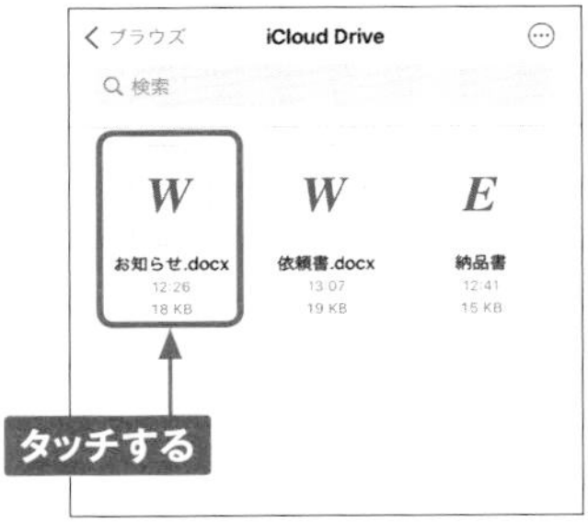

2 <共有>をタップします。

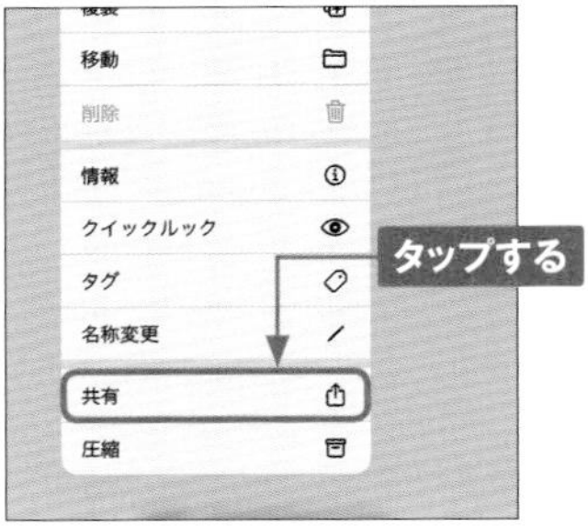

3 <iCloudでファイルを共有>をタップします。

4 共有に使用するアプリ（ここでは<メール>）をタップします。

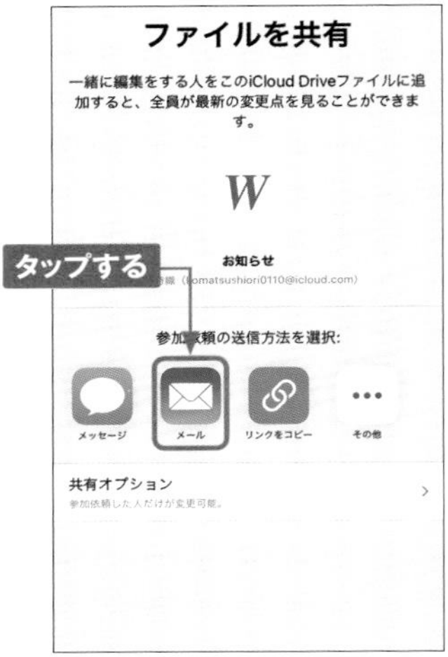

5 共有リンクが添付された状態で新規メールが作成されます。宛先、件名、本文を入力し、⬆をタップして送信します。

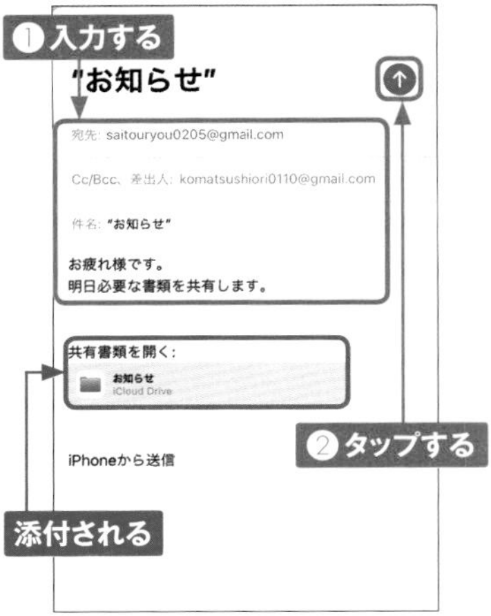

ファイルの共有を停止する

1 P.113を参考に「ファイル」アプリで「ブラウズ」画面を表示し、<共有書類>をタップします。

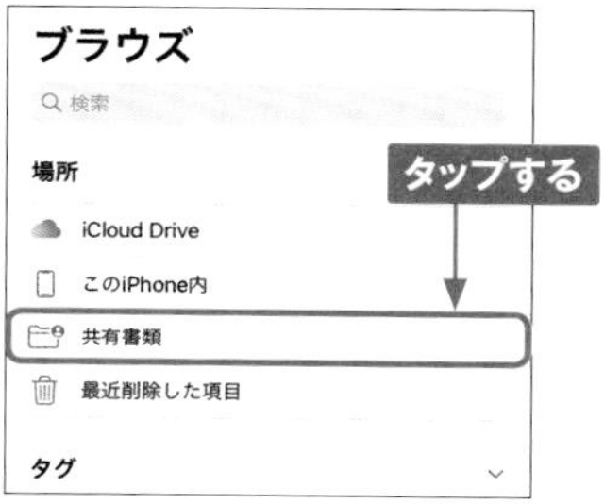

2 共有を停止したいファイルをタッチします。

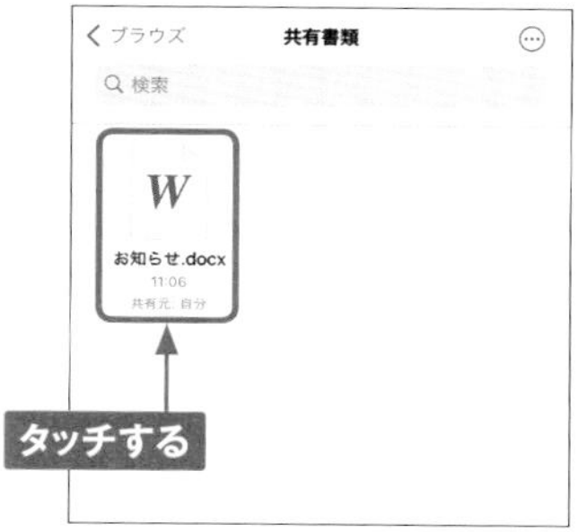

3 <共有>をタップします。

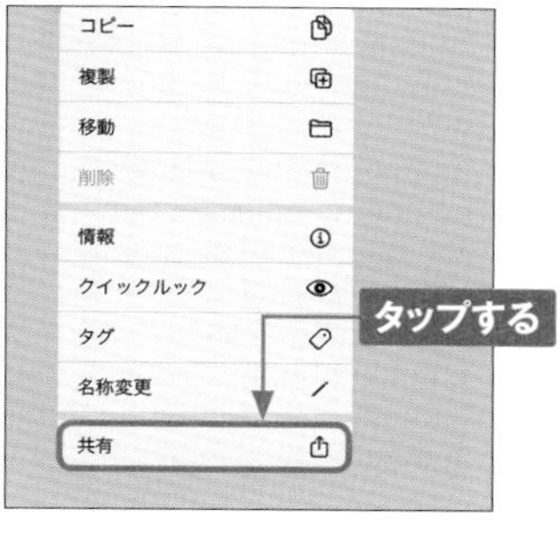

4 <共有ファイルを管理>をタップします。

5 <共有を停止>をタップします。

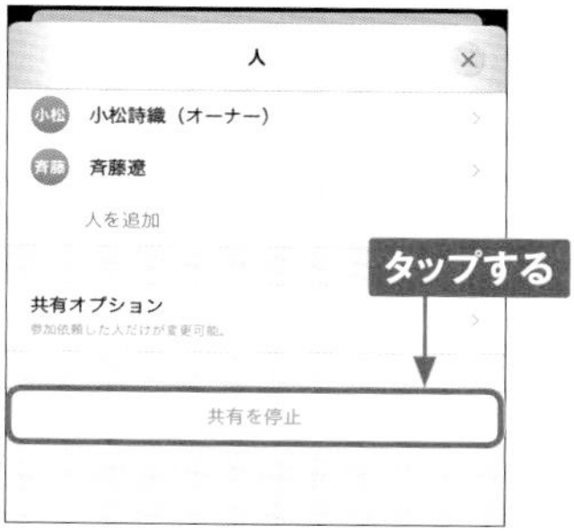

6 <共有を停止>をタップします。

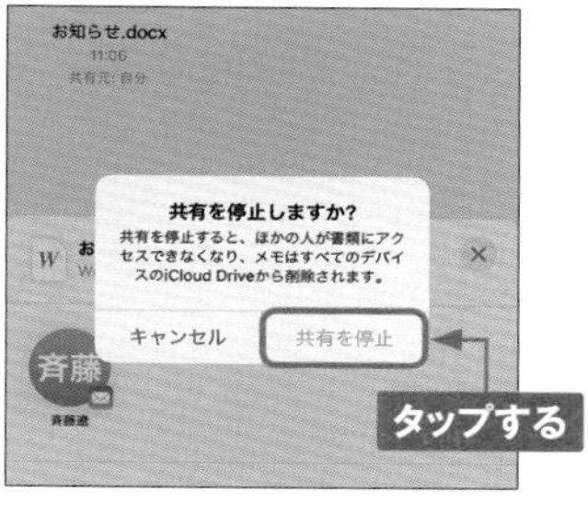

共有したファイルを編集する

共有したファイルは、コメントを付けたり書式を変更したりなどの編集が可能です。また、共有相手が付けたコメントの閲覧や返信、変更履歴の確認などもできます。なお、編集ができるのはアクセス権が「変更可能」に設定されているユーザーのみです。

共有したファイルにコメントを付ける

1 P.113を参考に「ファイル」アプリで「ブラウズ」画面を表示し、＜共有書類＞をタップします。

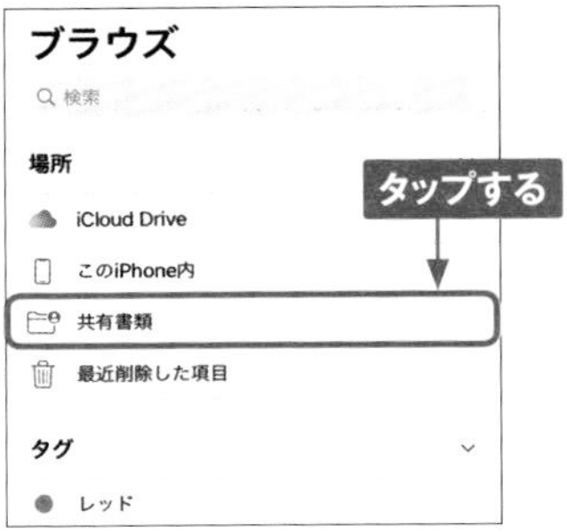

2 コメントを付けたいファイルをタップします。

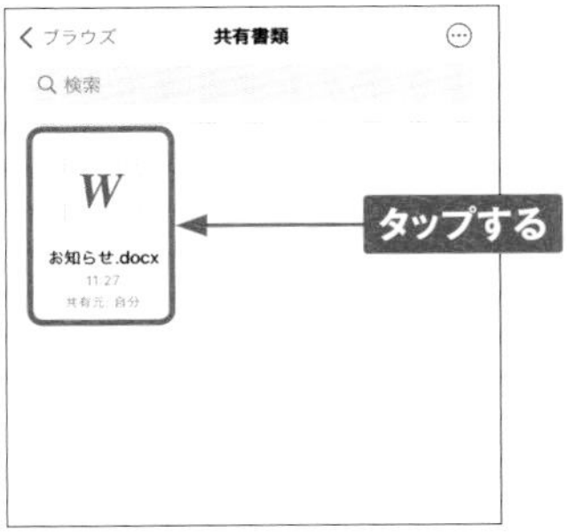

3 をタップし、編集に使用するアプリ（ここでは＜Pages＞）をタップします。

4 「読み込みの詳細」画面が表示されたら＜完了＞をタップします。＜編集＞をタップします。

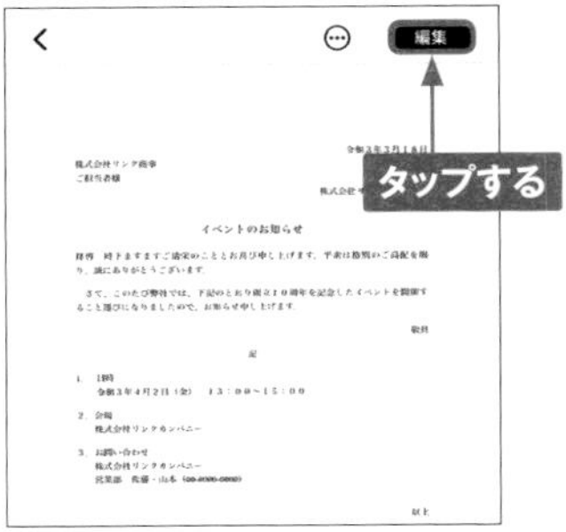

5 コメントを付けたいテキストを選択し、表示されるメニューの▶をタップして＜コメント＞をタップします。

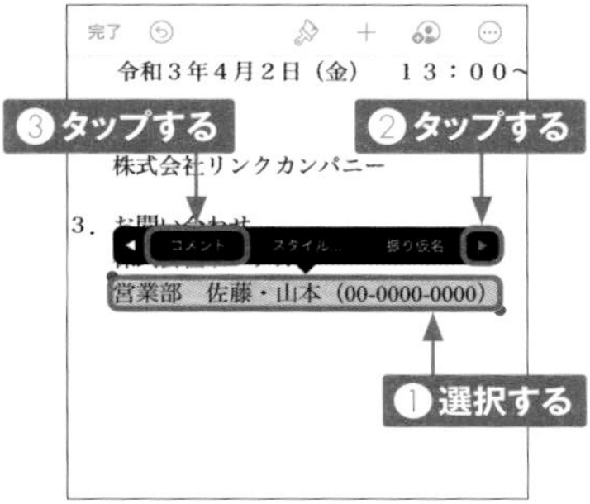

6 コメント内容を入力し、＜終了＞をタップします。

7 コメントが完了します。

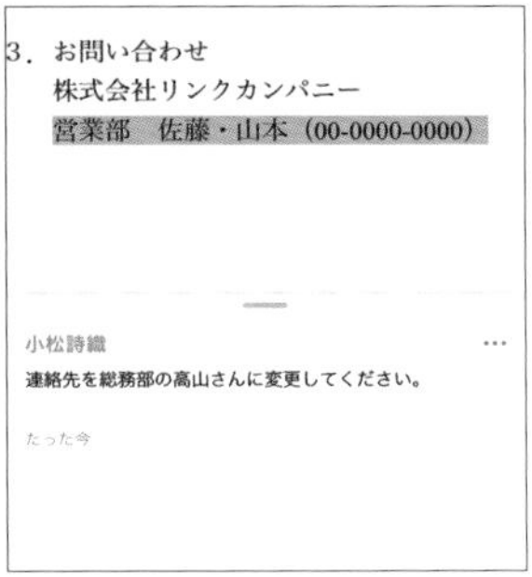

8 コメントを閲覧する場合は、コメントマーカーをタップします。

9 コメントが表示されます。

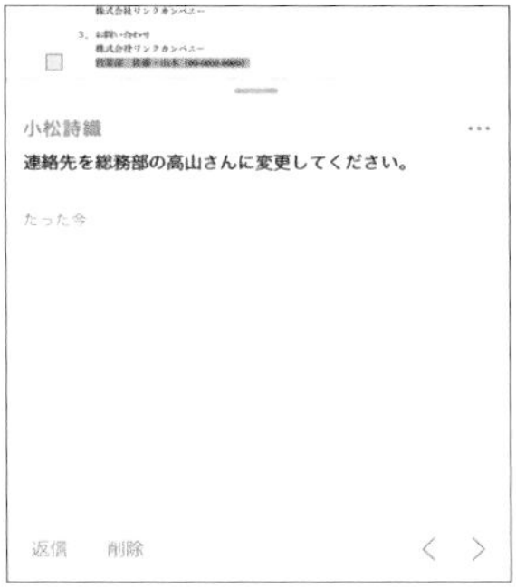

MEMO コメントを編集する

手順⑦または手順⑨の画面で…をタップすると、削除と編集のメニューが表示されます。＜コメントを削除＞をタップするとコメントが削除され、＜コメントを編集＞をタップすると手順⑥の画面面が開きます。共有メンバーが付けたコメントに返信する場合は、手順⑨の画面下部にある＜返信＞をタップします。

ファイルの権限を変更する

1 P.125手順①〜③を参考に共有メニューを表示し、<共有ファイルを管理>をタップします。

2 <共有オプション>をタップします。

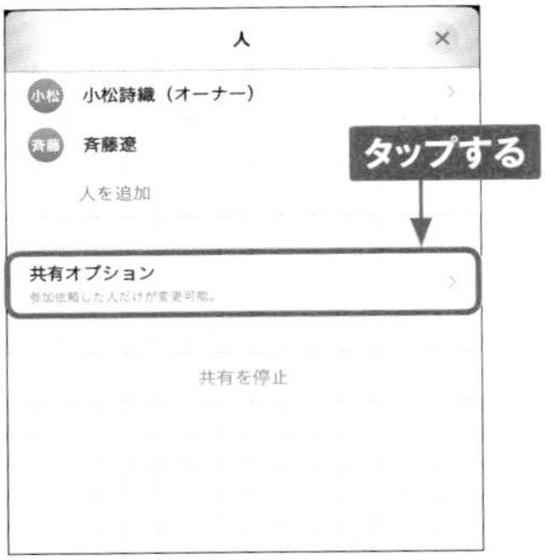

3 「対象」と「アクセス権」をそれぞれタップして設定し、<人>をタップします。

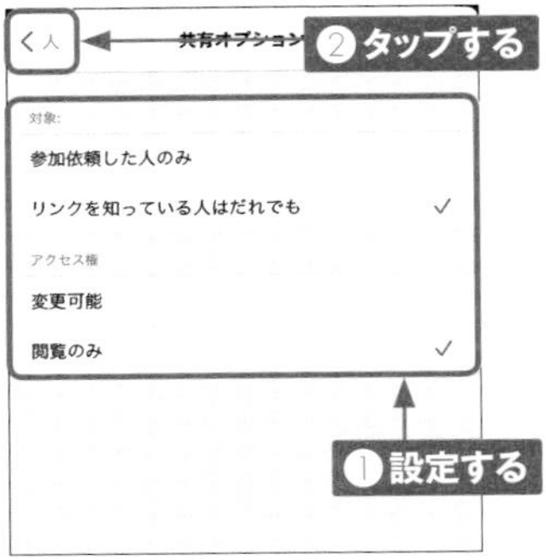

4 「対象」を「リンクを知っている人はだれでも」に設定した場合、<リンクを送信>をタップして共有相手にリンクを送信します。

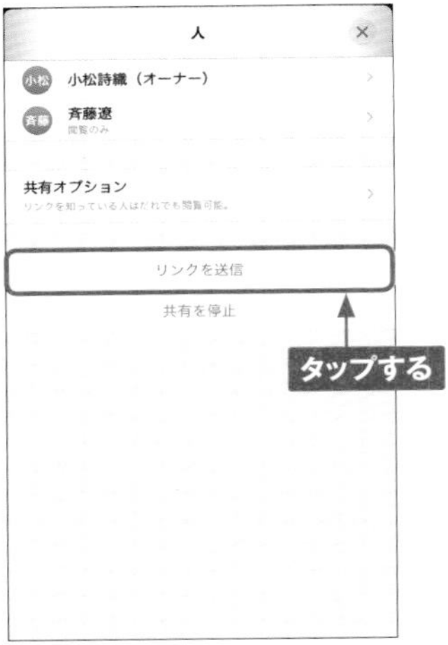

MEMO 「対象」を変更する場合

共有オプションで「対象」を「リンクを知っている人はだれでも」から「参加依頼した人のみ」に変更した場合、これまで共有していた書類はメンバーのデバイスのiCloud Driveから削除されてしまうので、注意が必要です。

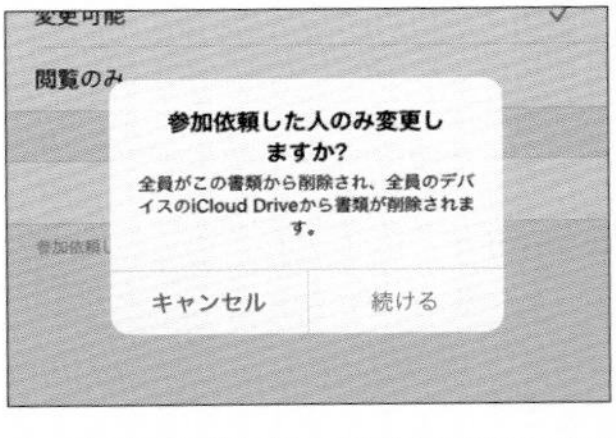

Section 43

Application

iPhone／iPadでそのほかのストレージサービスを利用する

「ファイル」アプリでは、iCloud Drive以外にもさまざまなストレージサービスを利用することができます。ファイルの閲覧のほか、編集や名前の変更、ダウンロード、移動などが可能です。

「ファイル」アプリで管理できるストレージサービス

「ファイル」アプリでは、「Dropbox」「Googleドライブ」「Box」「OneDrive」など、さまざまなクラウドストレージサービスのアプリと連携して、ファイル管理などを行うことができます。あらかじめクラウドサービスのアプリをインストールし、アカウントにログインしておきましょう。

Dropbox

無料プランは2GBと少ないですが、さまざまな課題をこなすことで、容量を増やすことができます。モバイル、パソコンともに使いやすく人気です。

Googleドライブ

「Googleスプレッドシート」や「Googleドキュメント」などをインストールしておくと、ファイルの編集が可能になります。

Box

セキュリティ性が高く、また、法人向けプランは容量無制限ということもあり、企業での利用が多いサービスです。

OneDrive

MicrosoftのクラウドストレージサービスですWordやExcelなどOfficeとの連携ができるという特徴があります。

「ファイル」アプリにストレージサービスを追加する

1 あらかじめ「ファイル」アプリ対応のストレージサービスアプリをインストールしておきます（ここでは「Dropbox」アプリを使用します）。ホーム画面で＜ファイル＞をタップします。

2 ＜ブラウズ＞をタップし、⊙→＜編集＞の順にタップします。

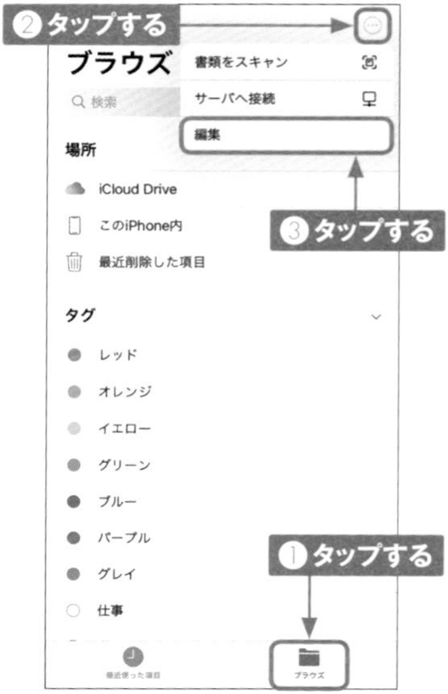

3 追加したいストレージサービスの をタップして にし、＜完了＞をタップします。

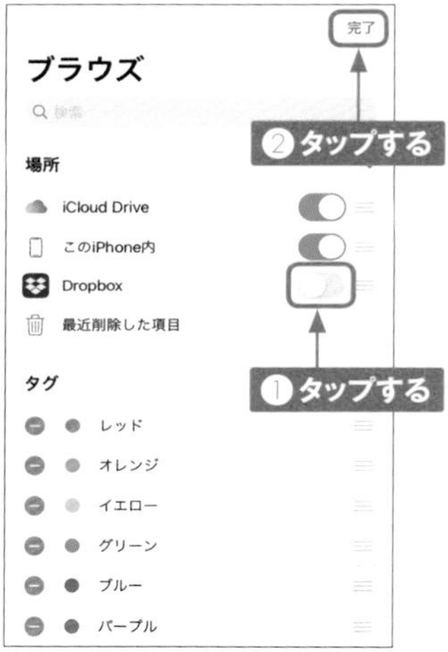

4 手順②の「ブラウズ」画面に追加されます。

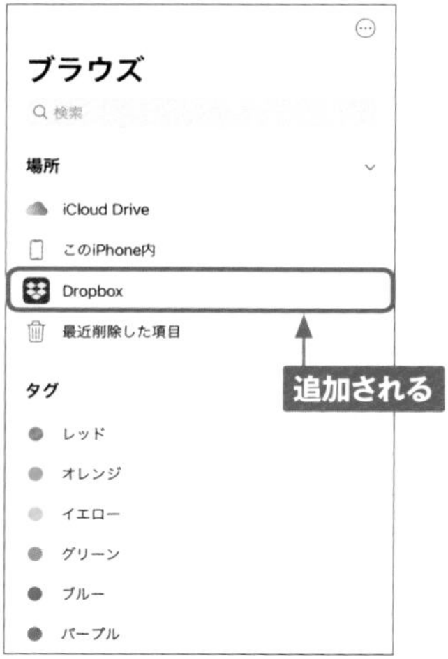

ストレージサービスにアクセスする

1 ホーム画面で＜ファイル＞をタップします。

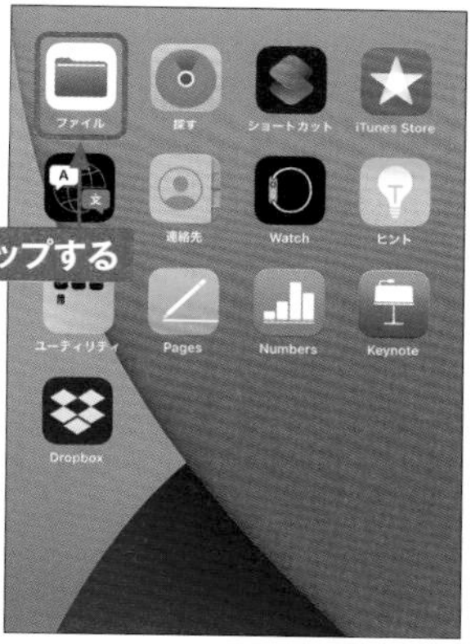

2 ＜ブラウズ＞をタップし、追加されたストレージサービス（ここでは＜Dropbox＞）をタップします。

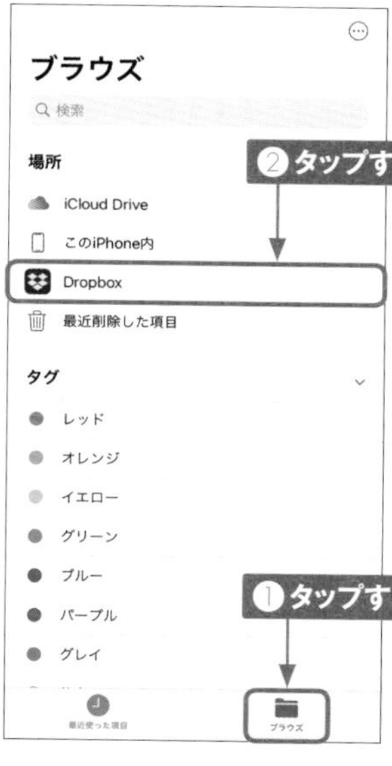

3 追加したクラウドサービスに保存されているファイルが表示されます。閲覧したいファイルをタップします。

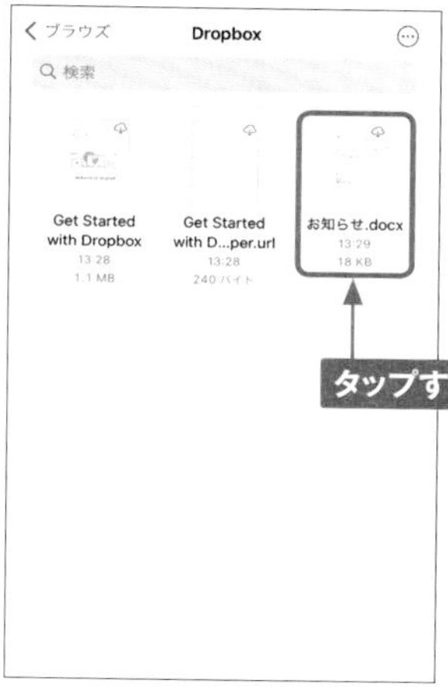

4 ファイルの内容が表示されます。をタップすると、ほかのアプリと連携し、ファイルの編集などが行えます。

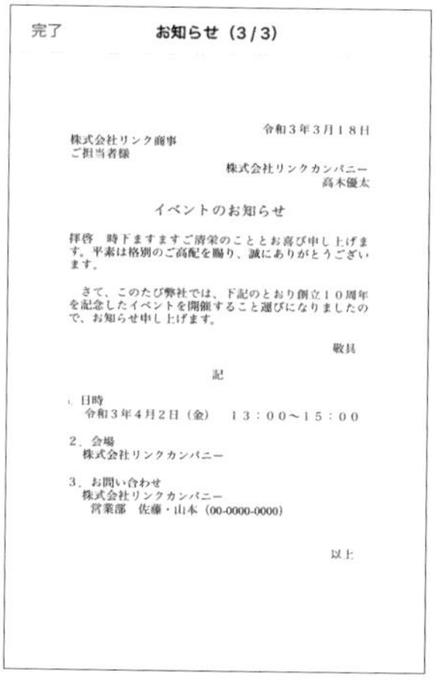

Section 44

Application

MacでiCloud Driveを利用する

Macでは、「システム環境設定」アプリでiCloud Driveを有効にするだけで、すぐにiCloud Driveが利用できます。Macでは、iCloud Driveに保存するファイルの種類も詳細に設定できます。

iCloud Driveを有効にする

1 Dockで をクリックして「システム環境設定」アプリを起動し、<Apple ID>をクリックします。

MEMO iCloud Driveに保存するファイル形式を指定する

P.133手順②の画面で、「iCloud Drive」の右の<オプション>をクリックすると、iCloud Driveに保存できるファイル形式を選択することができます。保存したくないファイル形式は、チェックを外しておくとよいでしょう。

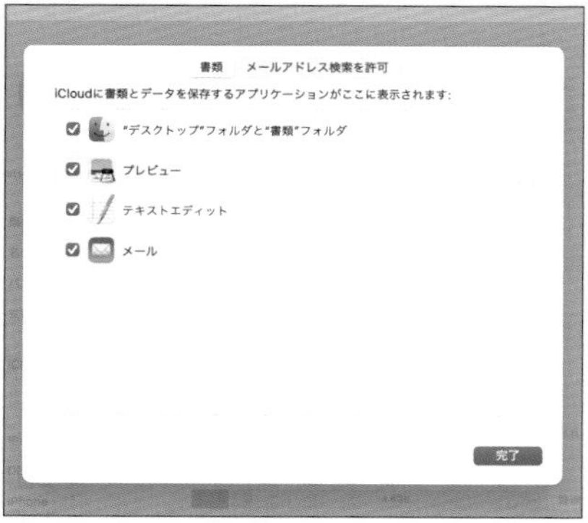

2 <iCloud Drive>をクリックしてチェックを付け、iCloudを有効にします。

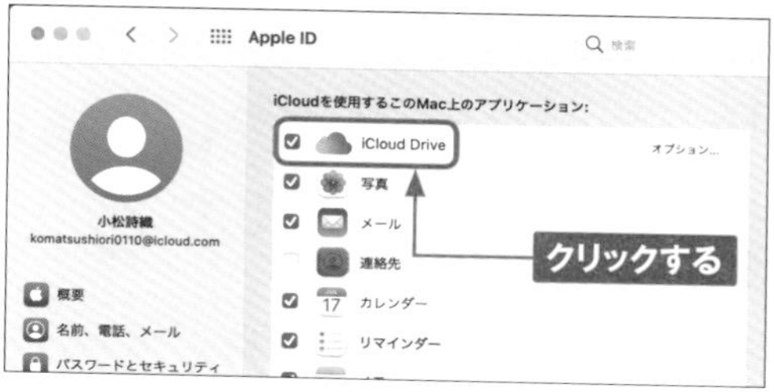

3 「Finder」のサイドバーで<iCloud Drive>をクリックするとiCloud Driveの内容が表示されます。「iCloud Drive」内のファイルはクラウドで同期されます。

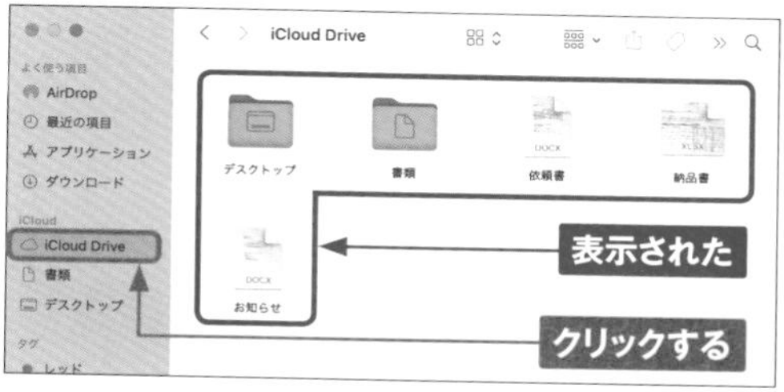

4 iCloudに対応したアプリでは、ファイルの保存先としてiCloud Driveが選択できます（P.132 MEMO参照）。

MEMO サイドバーにiCloud Driveが表示されない場合

「システム環境設定」でiCloud Driveを有効にしても「Finder」のサイドバーにiCloud Driveが見つからない場合は、メニューバーの<Finder>→<環境設定>の順にクリックします。「Finder 環境設定」画面が開いたら、上部の<サイドバー>をクリックして「サイドバーに表示する項目」で「iCloud Drive」にチェックが付いていることを確認します。

Section 45

Application

6

WindowsでiCloud Driveを利用する

WindowsでもiCloud Driveを利用できます。パソコンに作成される「iCloud Drive」フォルダは、OneDriveやDropboxといったフォルダと同様に、自動でクラウド上のデータと同期されます。

WindowsでiCloud Driveを有効にする

1 Sec.19を参考にWindows用iCloudを表示します。<iCloud Drive>をクリックしてチェックを付け、<適用>をクリックします。

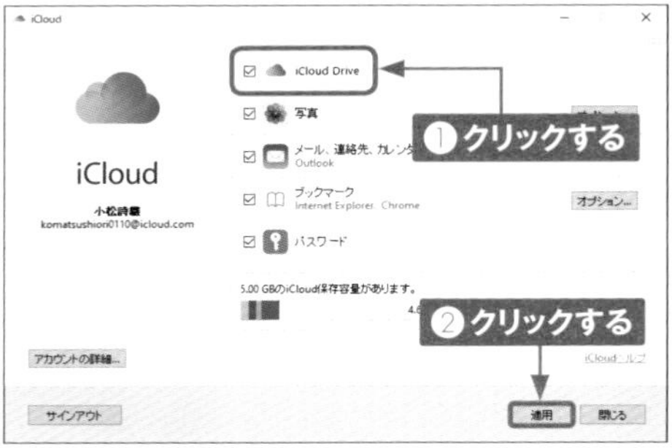

2 エクスプローラーを開くと「iCloud Drive」フォルダが表示され、通常のフォルダと同じように扱うことができます。「iCloud Drive」フォルダ内のファイルは、自動で同期されます。

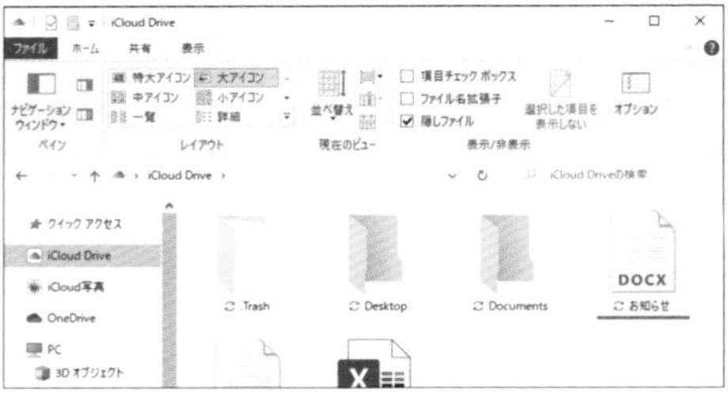

MEMO iCloud DriveをサポートするWebブラウザ

iCloud DriveをサポートするWebブラウザは、「Safari」の7以降、「Internet Explorer」の11以降、「Google Chrome」の35以降、「Firefox」の27以降、P.135で使用しているWindows 10の「Microsoft Edge」です。

Microsoft EdgeでiCloud Driveを開く

1. Microsoft Edgeを起動し、アドレスバーにiCloud.comのURL（https://www.icloud.com/）を入力して、Enterを押します。

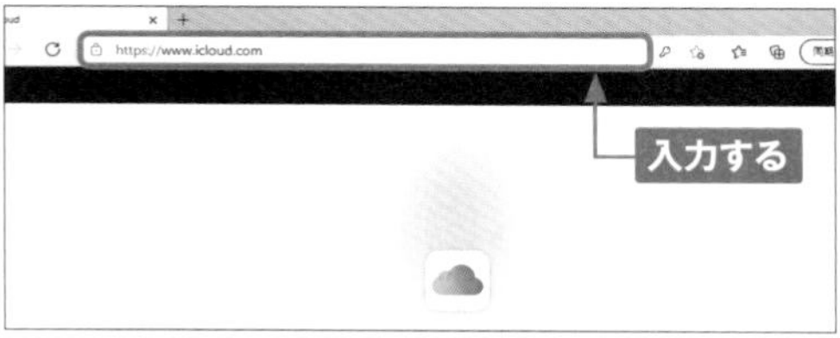

2. Apple IDとパスワードを入力して、➡をクリックします。

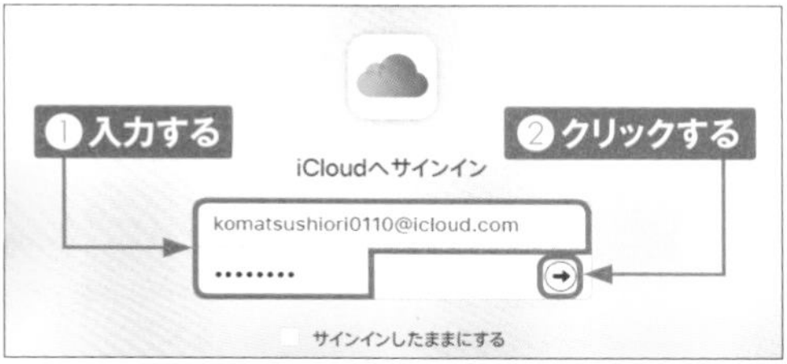

3. ＜iCloud Drive＞をクリックします。

4. 「iCloud Drive」フォルダの内容が表示されます。

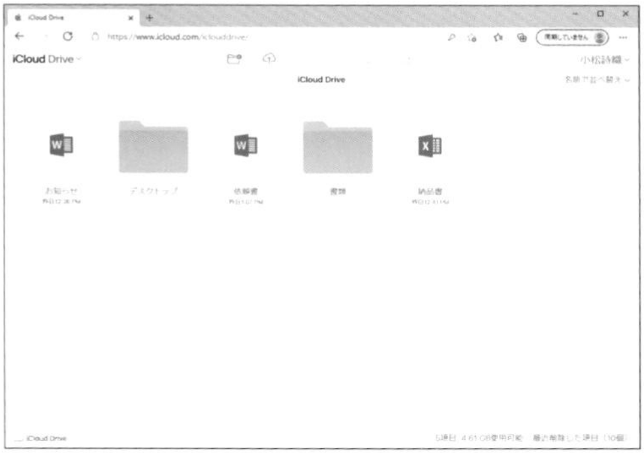

6

iCloud.comでアプリからiCloud Driveを利用する

WindowsやMacで「iCloud Drive」に同期したファイルは、iCloud.comから表示・編集するといった操作を行うことができます。ここではWindowsの「Microsoft Edge」を例に解説しますが、Macでは「Safari」から同様の操作が可能です。

ファイルを開く

① P.135手順①〜②を参考にiCloud.comにサインインし、<Pages>をクリックします。初回起動時はチュートリアルが表示されるので、<次に進む>→<Pagesを使用>の順にクリックします。

② <ブラウズ>→<iCloud Drive>の順にクリックします。

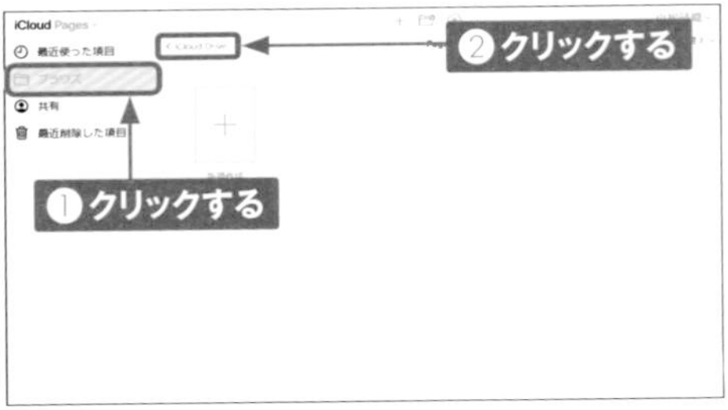

③ iCloud Drive内のファイルが表示されるので、閲覧したいファイルをダブルクリックします。

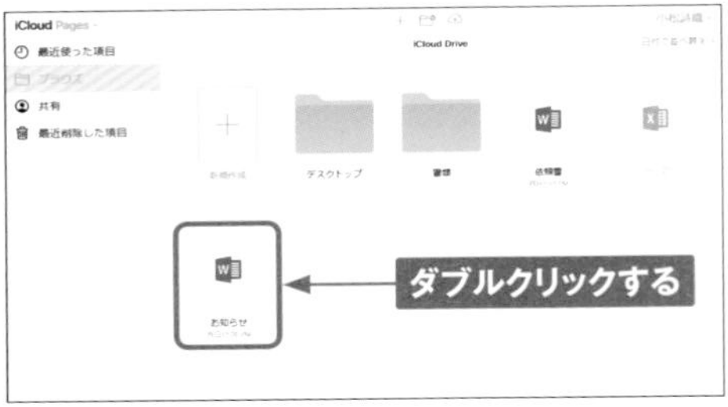

4 新しいタブが開いて、対応するアプリで（ここでは「Pages」）ファイルの内容が表示されます。

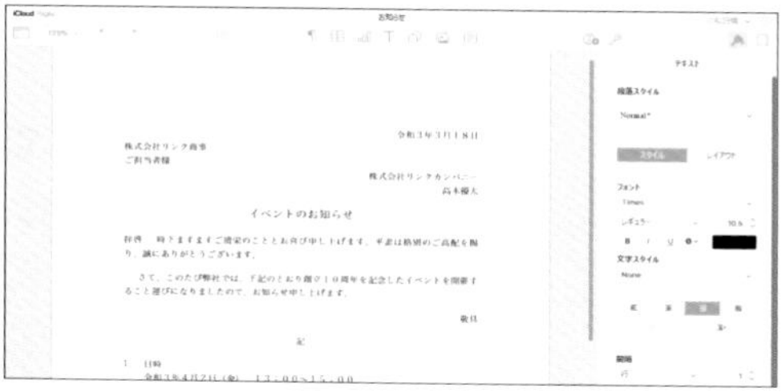

アプリからファイルをアップロードする

1 P.136手順③の画面（ここでは「Numbers」）でをクリックします。

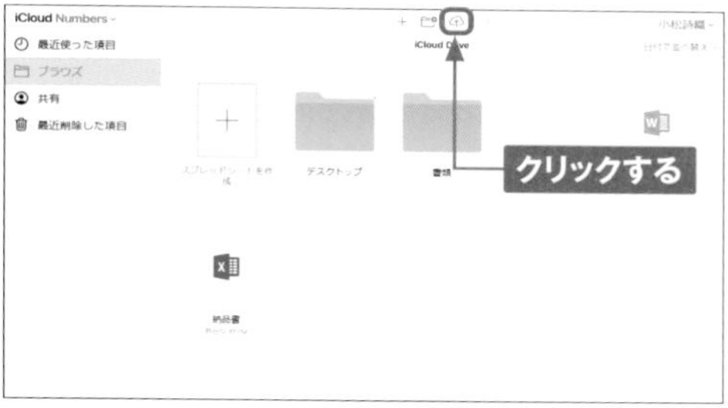

2 アップロードしたいファイルをクリックして、＜開く＞をクリックします。

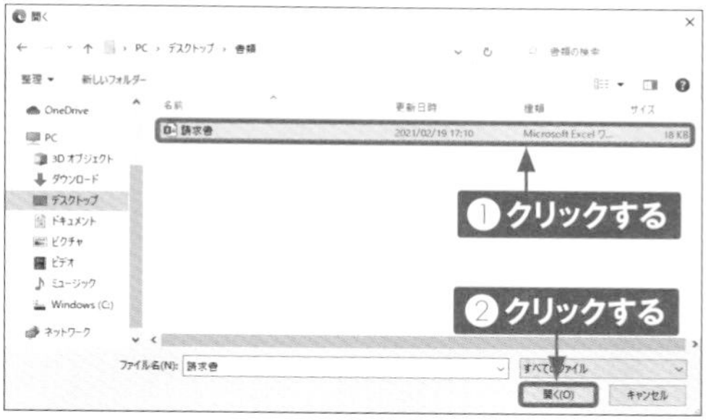

3 ファイルがアップロードされます。

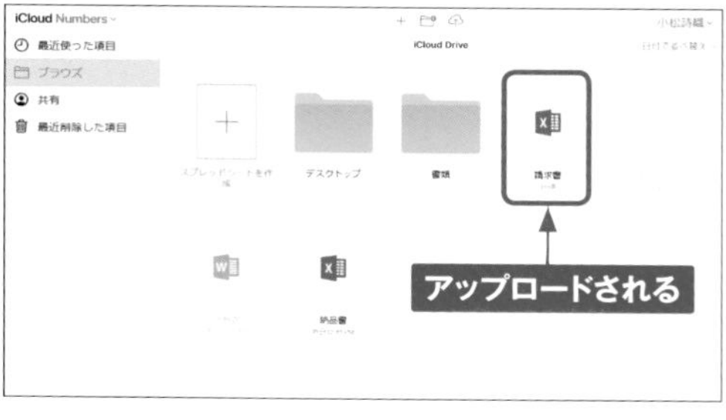

アプリからファイルを編集する

① P.136を参考に編集したいファイルを表示します。画面右側と上部のメニューをクリックすると、ファイルの内容を編集することが可能です。「Pages」では、テキストをドラッグしてスタイルを変更したり、画像を挿入したりすることができます。

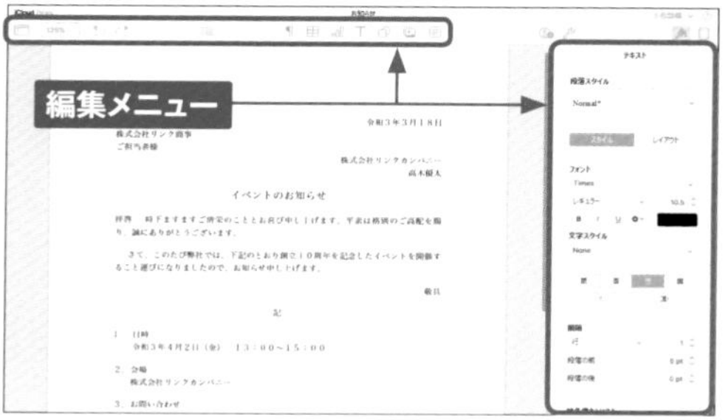

② ここではテキストのフォントを変更します。テキストを選択し、「フォント」欄から変更したいフォントをクリックします。

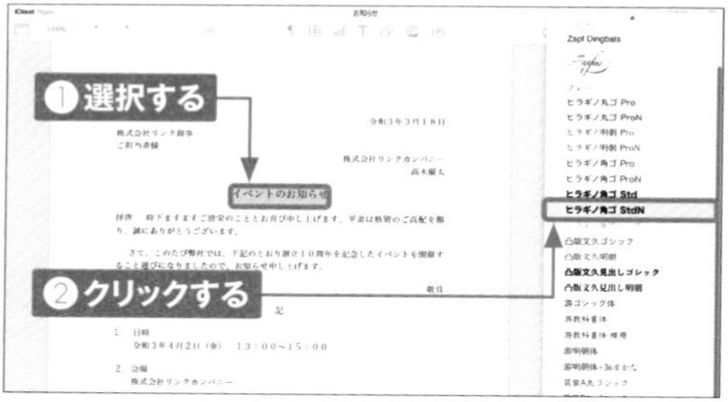

③ 編集は自動的に保存されます。編集が終わったら、×をクリックしてタブを閉じます。

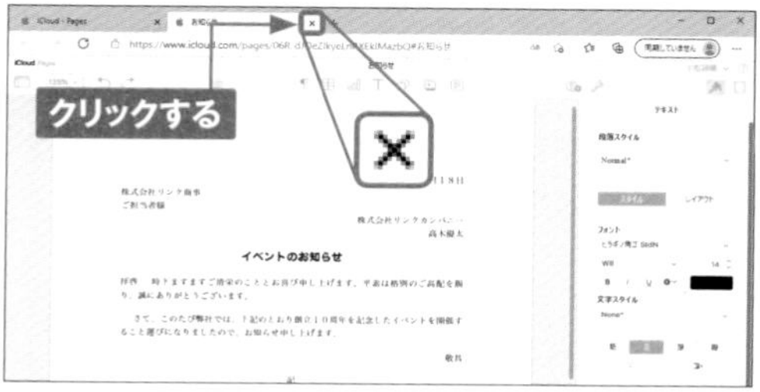

MEMO

編集すると形式が変換される

TXTファイルやWordのファイルをiCloud.comやiPhone、Macなどで編集すると、「Pages」アプリで編集可能なファイル形式に自動的に変換され、元のファイルは削除されます。なお、「Numbers」や「Keynote」といったアプリでも、同様に形式が変換されます。元のWordファイルなどは、あらかじめコピーするか、P.140MEMOの操作で復元することができます。

編集したファイルをダウンロードする

1 P.138を参考にファイルを編集し、画面上部の をクリックします。

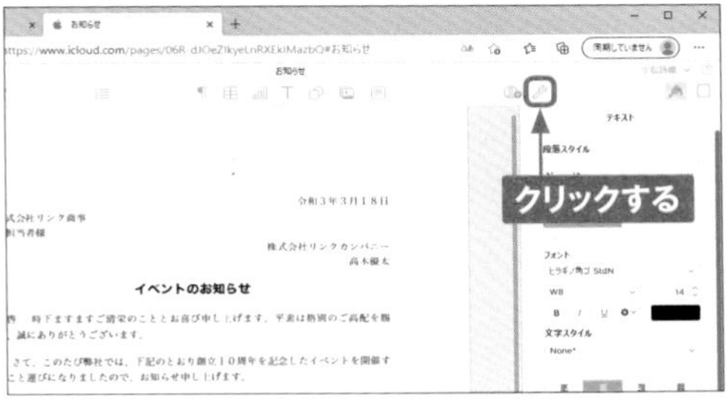

2 <コピーをダウンロード>をクリックします。

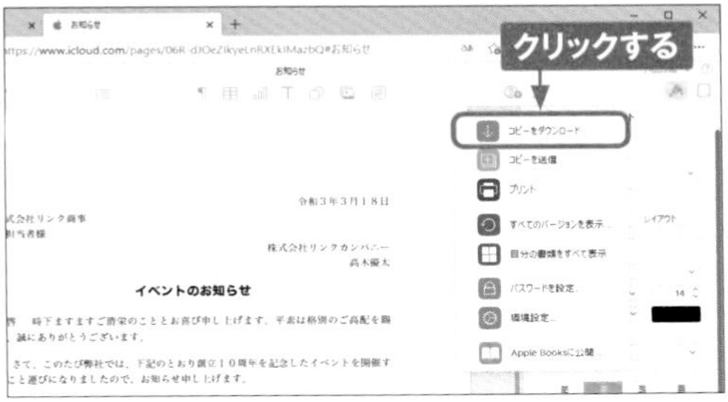

3 任意のダウンロード形式をクリックします。

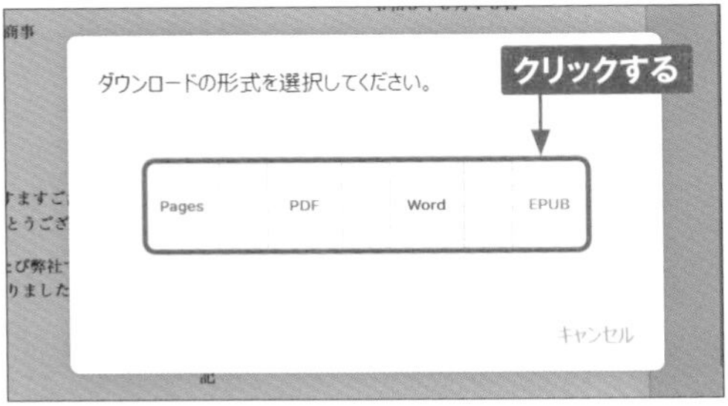

4 ファイルがダウンロードされます。

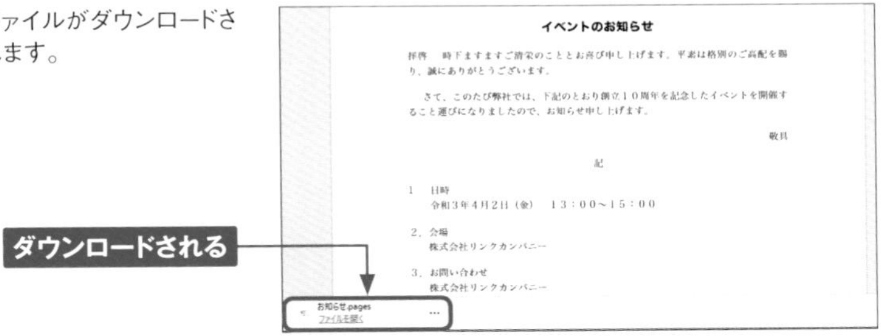

6

アプリからファイルを削除する

1 P.136手順①を参考に任意のアプリ（ここでは「Pages」アプリ）を起動し、削除したいファイルをクリックして、⋯をクリックします。

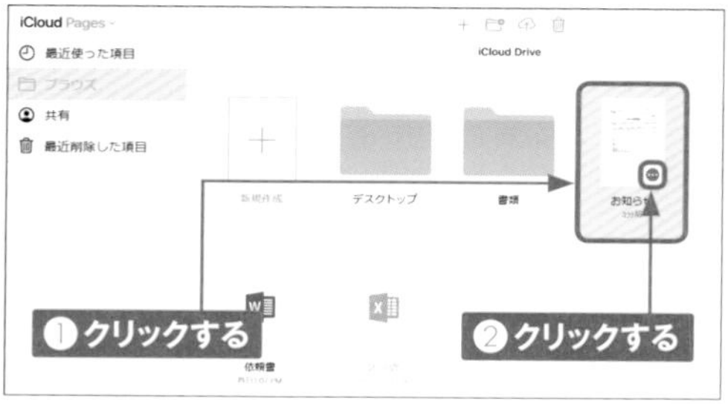

2 <書類を削除する>をクリックします。

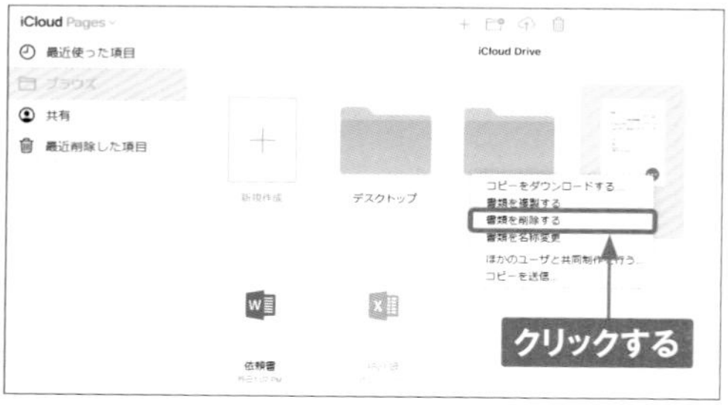

3 ファイルが削除されます。

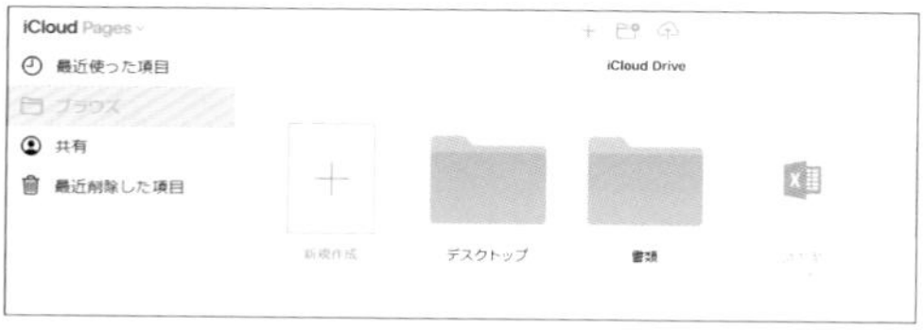

MEMO 削除したファイルを復元する

削除したファイルを復元したい場合は、手順③の画面で<最近削除した項目>をクリックし、任意のファイルをクリックして<復元>をクリックします。すべての形式のファイルを同時に復元する場合は、P.121MEMOを参照してください。

Chapter 7

もっと便利にiCloudを活用する

ファミリー共有とは

「ファミリー共有」とは、家族でiPhoneやiPadを利用している場合に、家族の誰かがiTunes Storeで購入した音楽コンテンツやApp Storeで購入したアプリを共有できる機能です。購入時に利用するクレジットカードやそれぞれの位置情報も共有できます。

ファミリー共有とは

ファミリー共有は、Apple IDを設定したiPhoneやiPadどうしの詳細な情報を家族で共有できるサービスです。たとえば、家族間でApple IDでの購入に利用するクレジットカードを共有できるほか、位置情報を共有してお互いがどこにいるかひと目でわかるようになります。購入済みのアイテムの共有のほかにも、管理者が登録したクレジットカードで支払いを一本化でき、また、保護者が子どものアプリ購入を制限できるのも大きな特徴です。ファミリー共有は、iTunes StoreやApp Storeのアイテム共有のほかにも、写真やカレンダー、リマインダーといったアプリでの情報共有、iCloudの容量共有（有料）が可能です。このように、ファミリー共有には多様な「共有」機能が用意されています。家庭の環境に合わせて必要な機能を効果的に利用しましょう。

Apple IDごとにクレジットカードを登録する必要がなくなり、アプリや音楽などもスムーズに購入できます。

「探す」アプリでは、家族の位置が常に表示されるようになり、「iPhoneを探す」機能も共有できます。

7

ファミリー共有でできること

コンテンツの支払い承認

管理者は、グループにいるメンバーがiTunes Store、iBooks、App Storeで購入したコンテンツの支払いと、支払いの承認をすることができます。購入の承認を求める設定を有効にしておくことで、ほかのメンバーがコンテンツを購入しようとしたとき、管理者に通知が届きます。管理者は自分のiPhoneやiPad上で、購入を承認または拒否できます。これは有料／無料にかかわらず、すべてのコンテンツの購入に適用されます。なお、承認設定の対象は19歳未満のメンバーです。

コンテンツの共有

ファミリー共有では管理者を含む最大6人まで、iTunes Store、iBooks、App Storeから購入したコンテンツを共有できるようになります。グループのメンバーが購入したコンテンツが、ほかのメンバーのiPhoneやiPadでも利用できます（ファミリー共有非対応のものは除く）。共有されたコンテンツは、それぞれのメンバーのiTunes Store、iBooks、App Storeにある「購入済み」タブに自動的に現れます。なお、管理者はコンテンツを個別に選んで非表示にすることができます。

専用の共有アルバム

共有メンバー全員の「写真」アプリに、共有アルバムが自動的に作られます。共有アルバムには、メンバーが写真やビデオの投稿、コメントを追加でき、新しい写真やビデオが追加されるとメンバーに通知が届きます。

専用の共有カレンダー、共有リマインダー

メンバーのカレンダーが作られ、メンバー全員がイベントや予定を確認、追加、変更できます。カレンダーに変更が加えられると、通知が全員に届きます。また、リマインダーをメンバーに送信できます。

現在地の共有

現在地を自動的にメンバーに知らせることができます。「探す」アプリや「メッセージ」アプリからお互いの位置を確認できます。また、紛失したメンバーのiPhoneやiPadを探すこともできます。

13歳未満の子どものApple ID作成

13歳未満の子どもが自分のApple IDを持つことができるようになります。管理者（保護者）が子どものApple IDを作成し、ファミリー共有のメンバーに加えます。13歳未満の子どものApple IDは、作成すると自動的に支払い承認の設定が有効になります。

ファミリー共有を設定する

家族間でコンテンツや情報を共有できる「ファミリー共有」を利用するには、サービスを有効にする必要があります。共有する家族がApple IDを持っていない場合は、事前にApple IDを作成したうえで設定を行うようにしましょう。

ファミリー共有を設定する

1 ホーム画面で<設定>→<自分の名前>の順にタップします。

2 <ファミリー共有>をタップします。

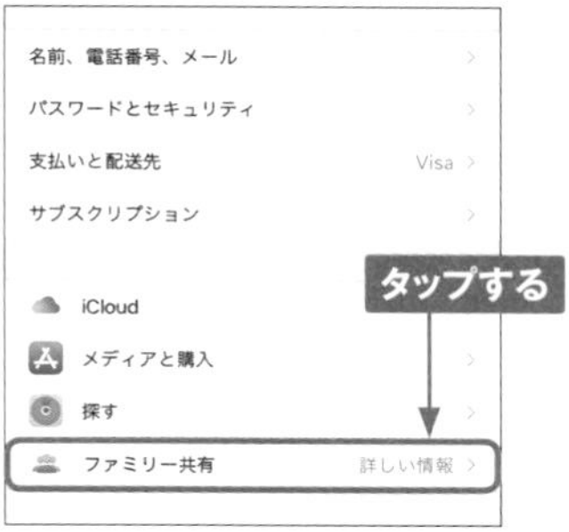

3 <ファミリーを設定>をタップします。

MEMO iTunesやApp Storeを別アカウントで利用する

iTunesやApp Storeなどで使用しているアカウントがiCloudとは異なる場合は、ファミリー共有設定後に別のApple IDに変更することができます。別のアカウントを利用したい場合は、P.146手順①の画面で自分の名前をタップし、「アカウント」のApple IDをタップします。利用したいApple IDとパスワードを入力し、<このアカウントを使用する>をタップして、画面の指示に従って進みましょう。

4 「ファミリー共有への登録を依頼する」画面が表示されます。<登録を依頼>をタップします。

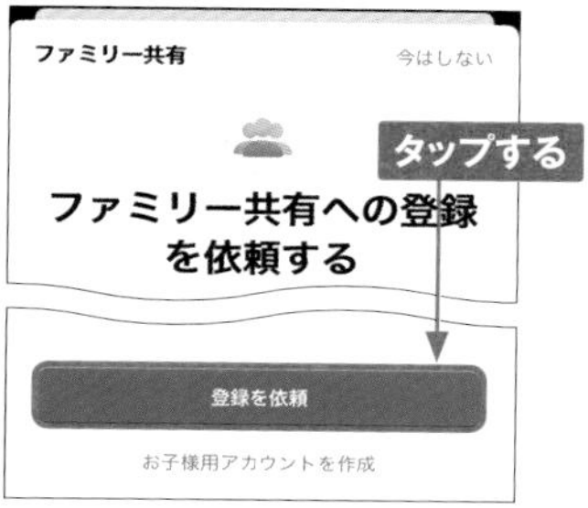

5 任意の招待方法を選択します。ここでは<メール>をタップします。

6 「メール」アプリが起動します。ファミリーに招待したいメンバーのメールアドレスを入力し、⬆をタップします。

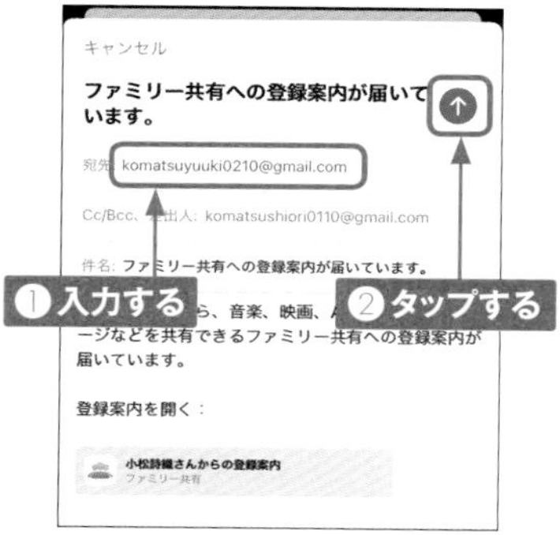

7 手順⑥で入力したメールアドレス宛に、登録案内が送信されます。<完了>をタップします。

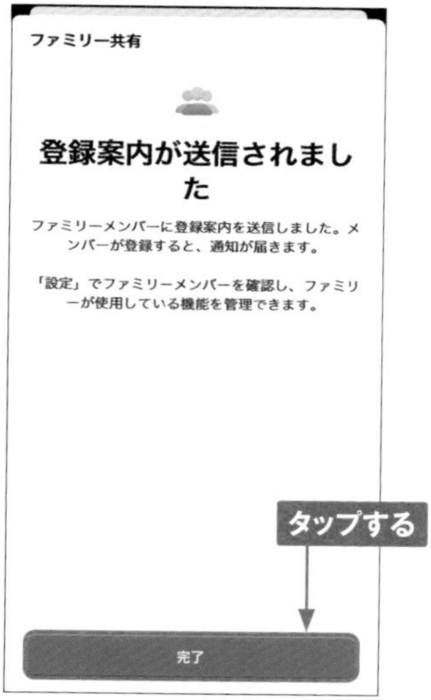

8 「ファミリー」画面が表示されます。招待したメンバーがファミリーに参加すると、管理者に通知が届きます。

ファミリー共有を編集する

1 P.144手順①～②を参考に「ファミリー」画面を表示し、<メンバーを追加>をタップします。

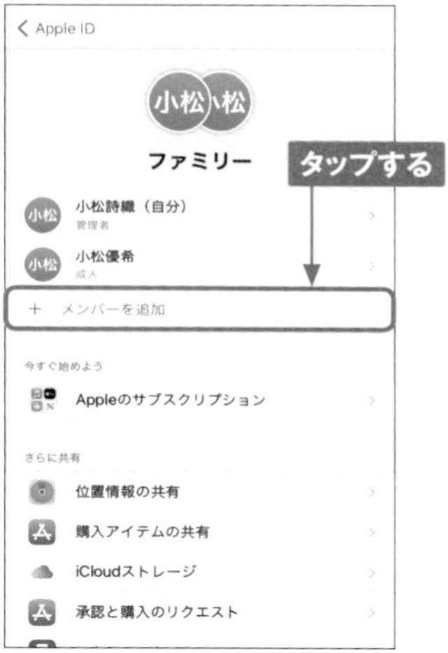

2 <登録を依頼>→任意の招待方法の順にタップすると、メンバーを招待できます。

3 手順①の画面で任意のメンバーをタップし、<○○さんをファミリーから登録解除>→<○○さんを登録解除>の順にタップすると、ファミリーメンバーから削除できます。

MEMO

ファミリー共有を停止する

ファミリー共有を停止したいときは、手順①の画面で自分の名前をタップし、<ファミリー共有の使用を停止>→<ファミリー共有の使用を停止>の順にタップします。なお、ファミリー共有を停止すると、ファミリーで共有している機能にアクセスできなくなります。

家族が購入したコンテンツを利用する

ファミリー共有のメンバー間では、iTunes StoreやApp Storeで購入したアプリや音楽、電子書籍などのコンテンツを共有することができます。ほかのメンバーが使っているアプリをダウンロードしてみましょう。

ファミリーメンバーでのアプリの共有を有効にする

1 P.144手順①〜②を参考に「ファミリー」画面を表示し、<購入アイテムの共有>をタップします。

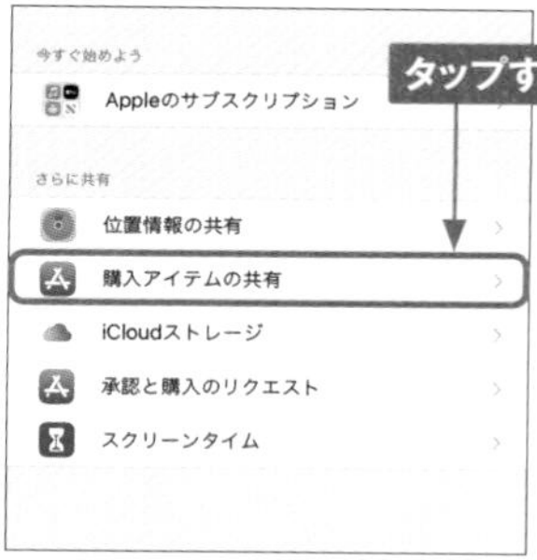

2 <続ける>→<続ける>→<メッセージを送信>の順にタップします。

3 通知を送りたいメンバーのメールアドレスを入力し、⬆をタップします。

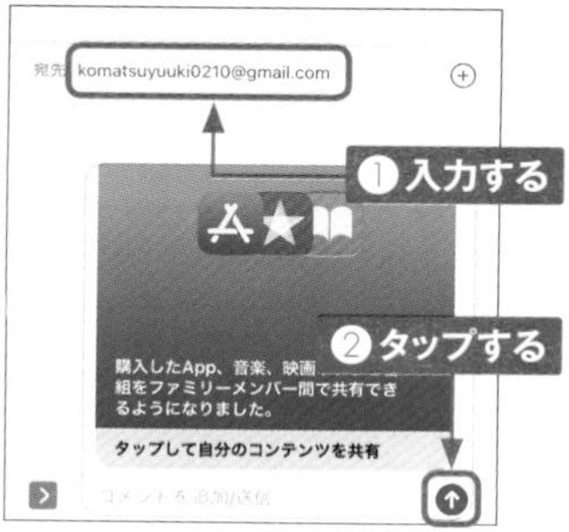

4 <完了>をタップすると、アプリの共有が有効になります。

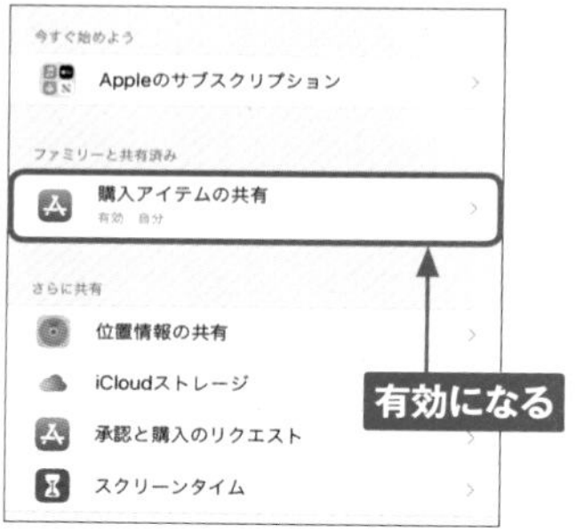

ファミリーメンバーのアプリをダウンロードする

① ホーム画面で＜App Store＞をタップします。

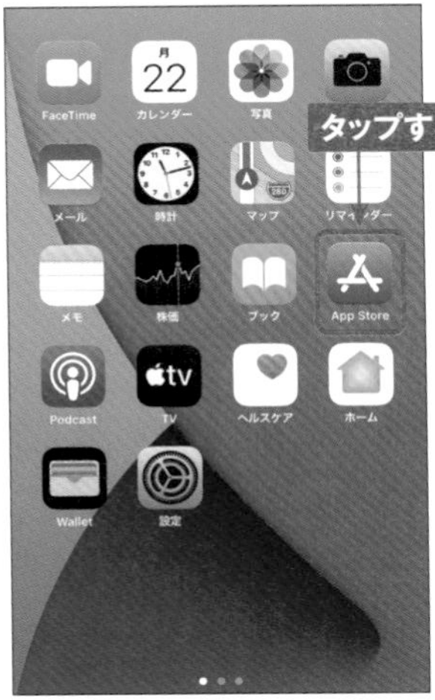

② 右上のをタップします。

③ ＜購入済み＞をタップします。

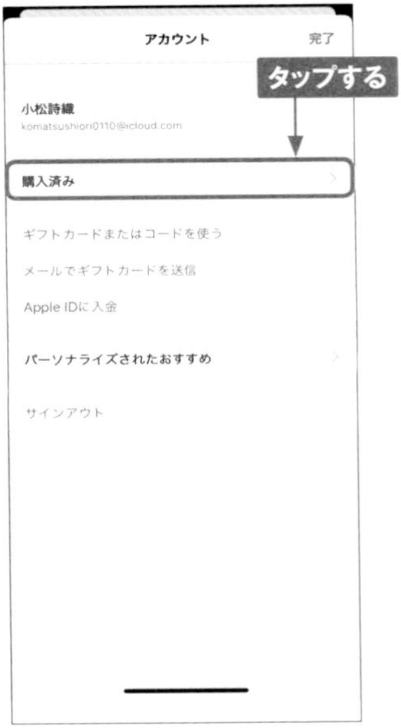

MEMO アプリの共有を無効にする

P.147手順④の画面で＜購入アイテムの共有＞をタップし、「購入済みアイテムをファミリーと共有」のをタップしてにすると、アプリの共有を無効にできます。

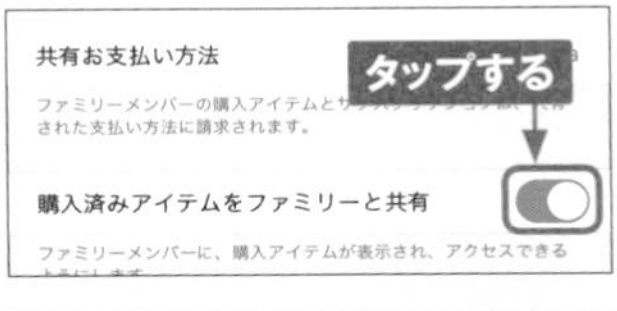

4 「ファミリー購入」から任意のメンバーをタップします。

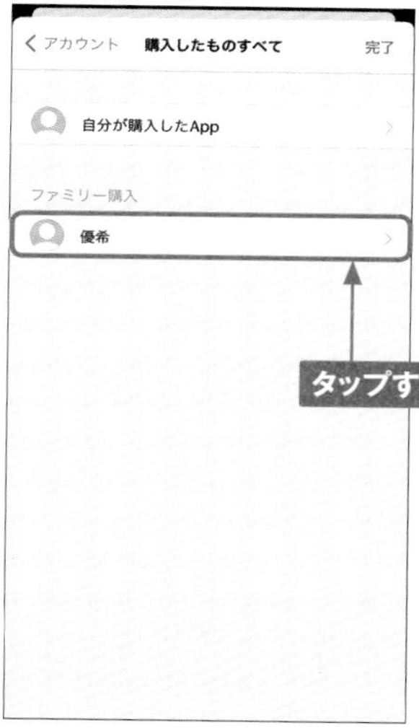

5 ファミリーメンバーが購入したアイテムが表示されます。ダウンロードしたいアプリの☁をタップすると、ダウンロードが始まります。

6 ホーム画面にファミリーメンバーが購入したアプリが表示されます。

MEMO

購入したアプリを非表示にする

ダウンロード済みのアプリを共有中の家族に見せたくない場合は、手順④の画面で<自分が購入したApp>をタップし、非表示にしたいアプリを左方向にスワイプして、<非表示>をタップします。

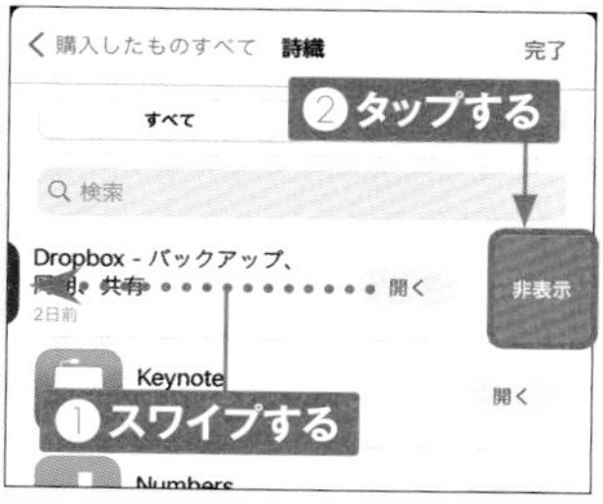

7

Section 50

共有アルバムで写真を共有する

ファミリー共有を作成すると、「写真」アプリ内にファミリー共有のメンバー間で共有できるアルバムが自動で作成されます。このアルバムを使って、さまざまな写真を家族間で共有してみましょう。

ファミリーアルバムで写真を共有する

1 ホーム画面で＜写真＞をタップし、＜アルバム＞→＜家族＞の順にタップします。

2 ＋をタップします。

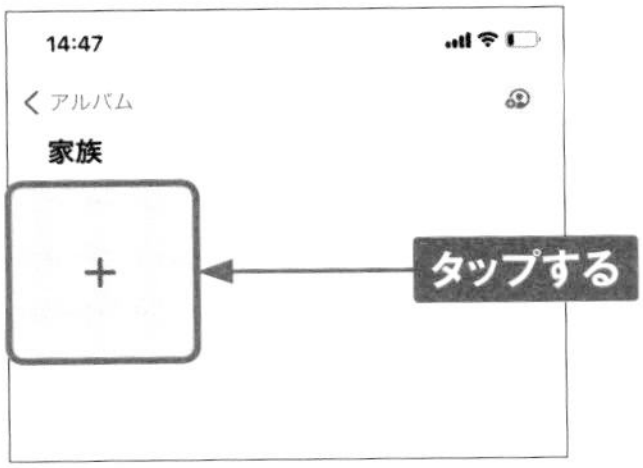

3 共有したい写真をタップして選択し、＜完了＞をタップします。

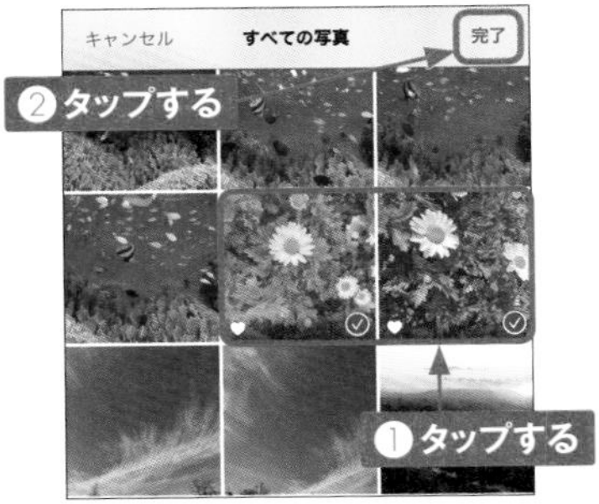

4 アルバム名を入力し、＜投稿＞をタップします。

共有された写真を閲覧する

1 ファミリーメンバーは、「家族」アルバムから共有された写真や動画を閲覧できます。「写真」アプリを起動し、<アルバム>→<家族>の順にタップします。

2 家族が投稿した写真も含めて表示されます。任意の写真をタップします。

3 をタップすると、「いいね!」を付けることができます。また、<コメントを追加>をタップすると、コメントを付けることができます。

MEMO 共有アルバムへの参加を依頼する

管理者が作成した「家族」アルバムがファミリーメンバーのデバイスに表示されない場合は、手順②の画面で →<参加依頼>の順にタップし、メンバーに参加依頼を送信します。

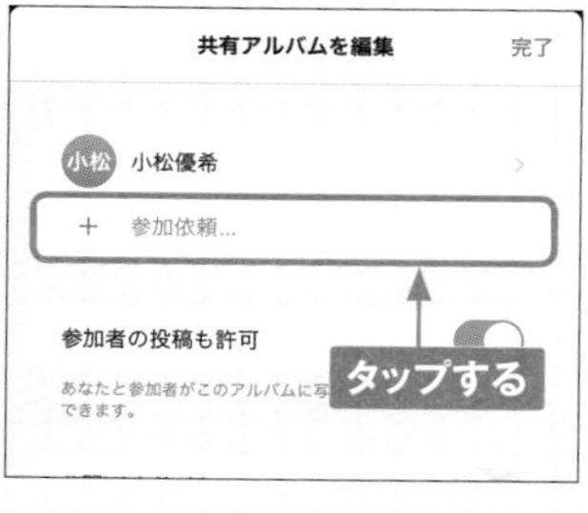

7

Section 51

Application

共有カレンダーを利用する

ファミリー共有を利用すると、「カレンダー」アプリに「家族」カレンダーが自動的に作成され、家族間でイベントを共有することができるようになります。共有されたイベントは編集することも可能です。

カレンダーのイベントを共有する

1 ホーム画面で<カレンダー>をタップします。

2 ＋をタップして家族と共有したいイベントを作成し、<カレンダー>をタップします。

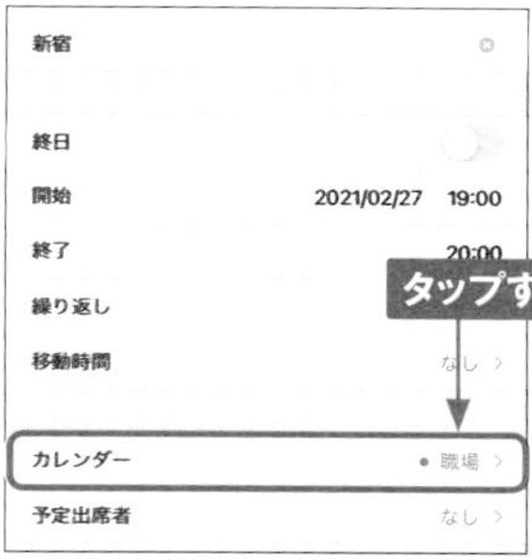

3 <家族>をタップし、次の画面で<追加>をタップします。

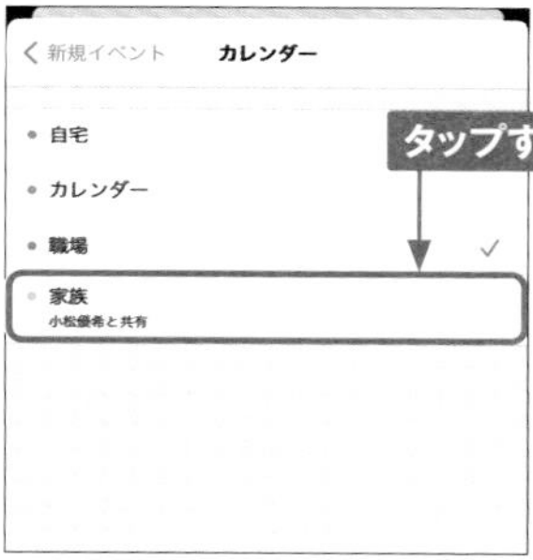

4 家族で共有できるイベントが登録されます。

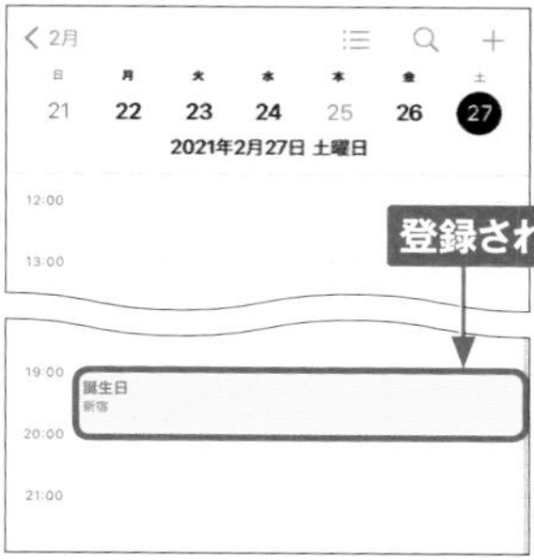

家族が作成したイベントに参加する

1 共有イベントが作成されると、通知が届きます。ホーム画面で＜カレンダー＞をタップします。

2 ＜出席依頼＞をタップします。

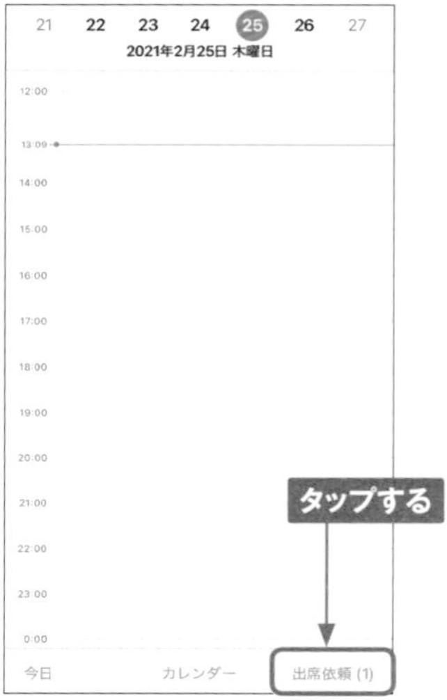

3 出席依頼の内容を確認します。自分のカレンダーにイベントを追加する場合は、＜OK＞をタップします。

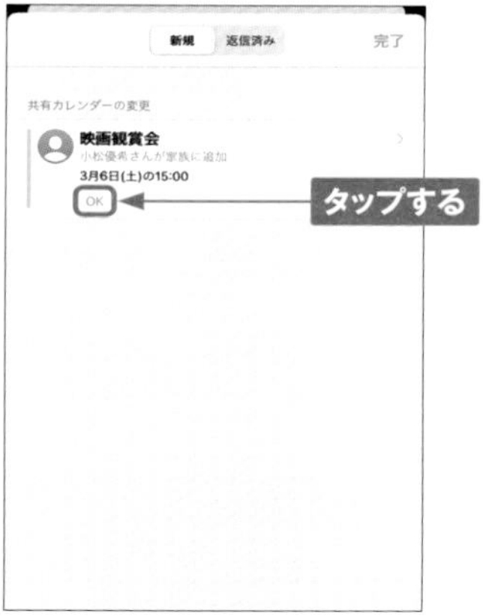

4 自分のカレンダーにイベントが追加されます。

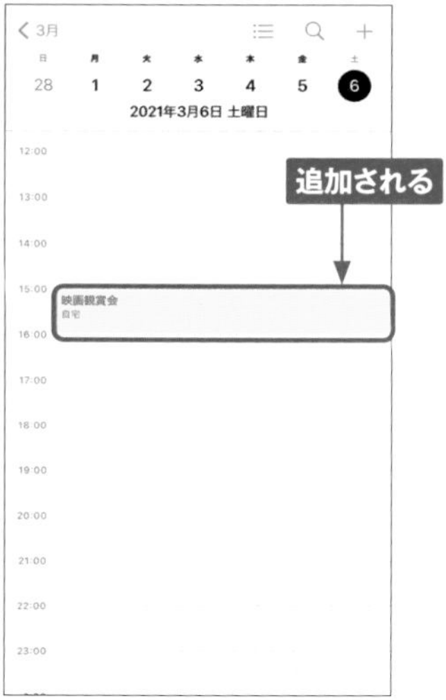

家族で現在地を共有する

ファミリー共有では、位置情報をもとに近くにいる家族や子どもの居場所を確認することができます。位置情報を確認するには、「探す」アプリを使用します。なお、利用にはファミリーメンバーが「位置情報サービス」の設定を有効にしている必要があります。

位置情報の共有を設定する

① ホーム画面で<設定>→<自分の名前>→<iCloud>の順にタップします。

② 画面を上方向にスワイプし、<位置情報の共有>→<位置情報の共有を設定する>の順にタップします。

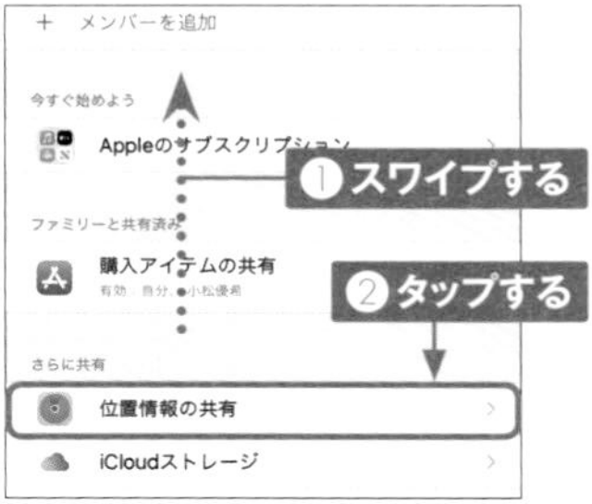

③ 「ファミリーに知らせる」画面で<メッセージを送信>をタップします。

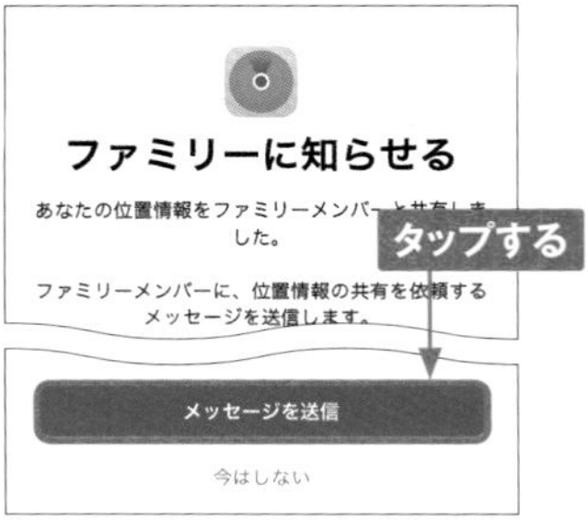

④ 位置情報を共有したいメンバーのメールアドレスを入力し、⬆をタップします。次の画面で<完了>をタップします。

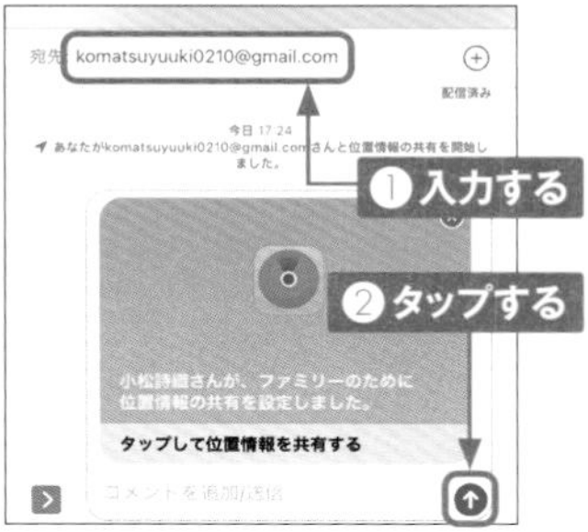

家族のデバイスの位置情報を確認する

1 家族の位置情報を見るには、ホーム画面で＜探す＞をタップします。位置情報使用の許可が表示された場合、＜Appの使用中は許可＞をタップします。

2 ＜人を探す＞をタップし、ーを上方向にスワイプすると、位置情報を共有している家族のアカウントが表示されます。居場所を確認したいメンバーをタップします。

3 相手の居場所を特定できます。＜経路＞をタップします。

4 自分の場所から相手の場所までの経路が表示されます。

7

Webサイトのユーザ名やパスワードを自動入力する

「Safari」アプリで入力したユーザ名やパスワードを保存することで、次回以降の入力の手間を省くことができます。保存したユーザ名やパスワードは、iCloudキーチェーンを有効にすることでさまざまな端末と同期され、自動入力されます。

iCloudキーチェーンを有効にする

1 ホーム画面で<設定>をタップし、<自分の名前>をタップします。

2 <iCloud>をタップします。

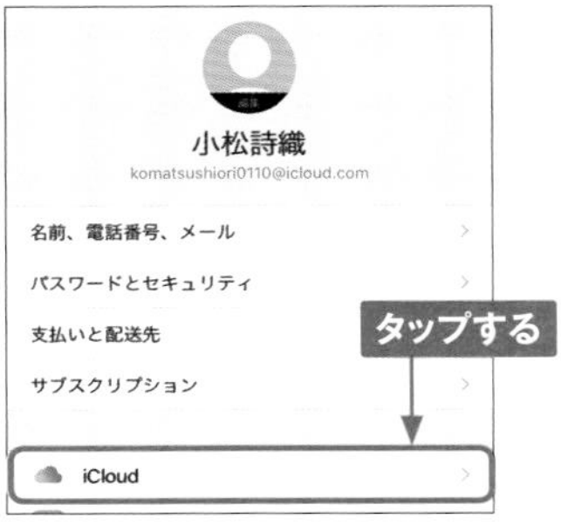

3 <キーチェーン>をタップします。

4 「iCloudキーチェーン」の をタップして にします。

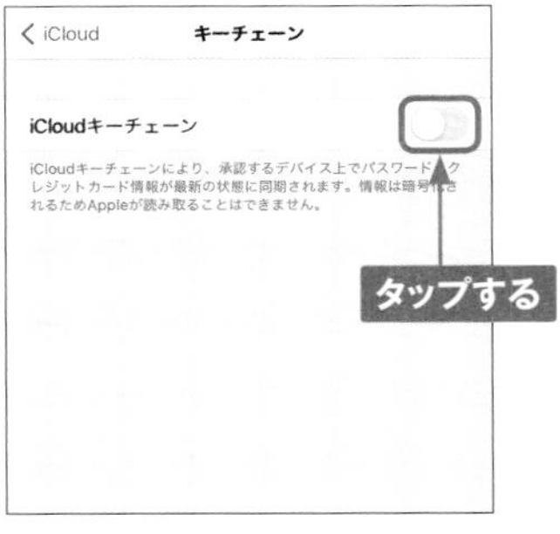

Safariの自動入力を設定する

1 ホーム画面で＜設定＞をタップし、＜パスワード＞をタップします。

2 パスコードを入力します。

3 「パスワードを自動入力」の をタップして にします。

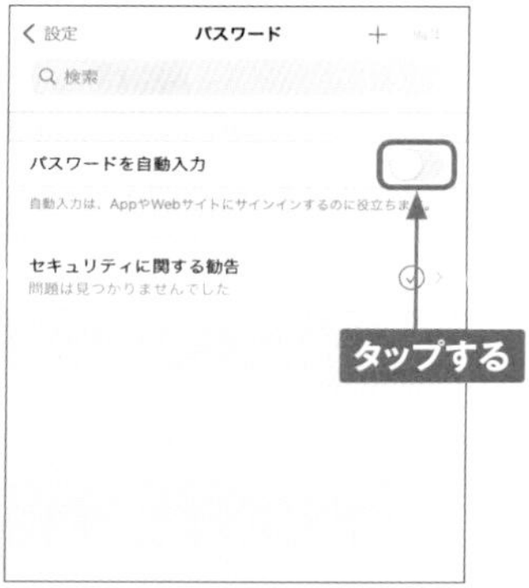

MEMO クレジットカードの情報を自動入力する

Apple IDに支払い情報を登録してある場合（Sec.05参照）、クレジットカードの情報をSafariで自動入力することができます。ホーム画面で＜設定＞をタップし、＜Safari＞→＜自動入力＞の順にタップしたら、「クレジットカード」の をタップして にしましょう。

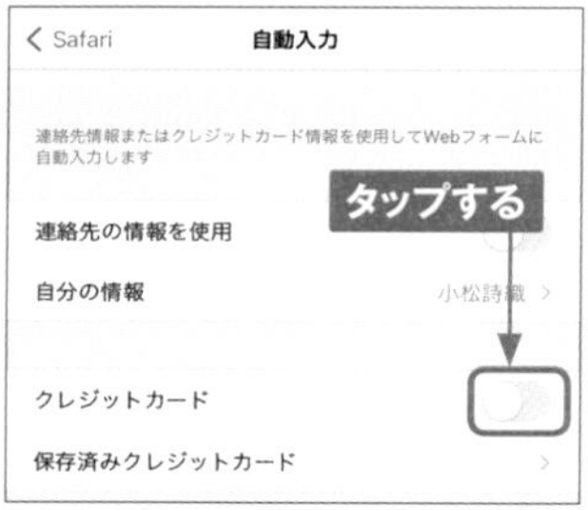

ユーザ名やパスワードを保存する

1 P.157手順③の画面で＋をタップします。

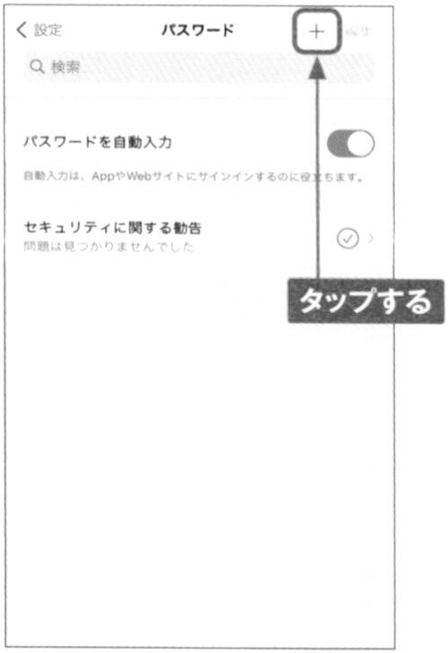

2 自動入力したいWebサイトのURL、ユーザ名、パスワードを入力し、<完了>をタップします。

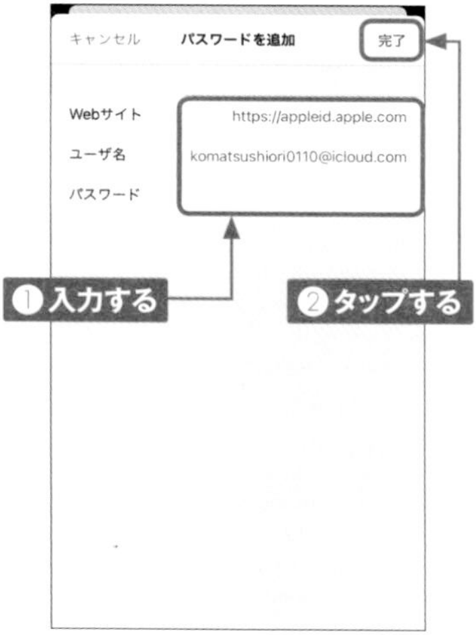

3 ユーザ名とパスワードが保存されます。

MEMO

Safariからユーザ名とパスワードを保存する

「Safari」アプリでSSLに対応したWebサイト（ここでは「https://appleid.apple.com」）でユーザ名とパスワードを入力した際、パスワード保存の案内が表示される場合があります。<パスワードを保存>をタップすると、手順③の画面にWebサイト、ユーザ名、パスワードが保存されます。

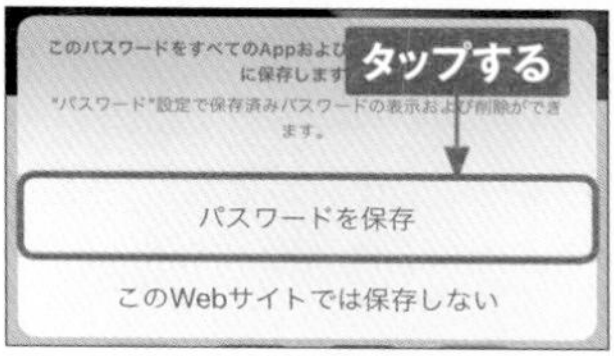

ユーザ名やパスワードを自動入力する

① ユーザ名やパスワードを保存したWebサイトを表示し、ユーザ名の入力欄をタップします。

② 画面下部に保存したユーザ名が表示されるのでタップします。

③ ユーザ名とパスワードが自動で入力されます。問題がなければサインインします。

MEMO

ほかのパスワードを利用する

手順②の画面で表示された情報以外に保存したパスワードを使用したい場合は、🔑→<その他のパスワード>の順にタップし、パスワードを入力して、使用したい情報を選択します。

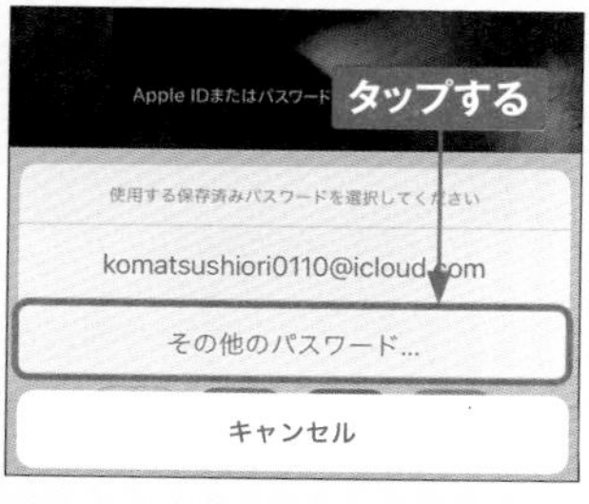

なくしたiPhoneを探す

iOS搭載デバイスやMacでiCloudの「iPhoneを探す」機能を設定すると、紛失したiPhoneにメッセージを表示させたり、パスコードを設定していない端末にパスコードを設定したりすることができます。

iPhoneにメッセージを表示させる

1 Webブラウザで「https://www.icloud.com/」にアクセスし、場所を知りたいiOS機器のApple IDとパスワードを入力して、➡をクリックします。

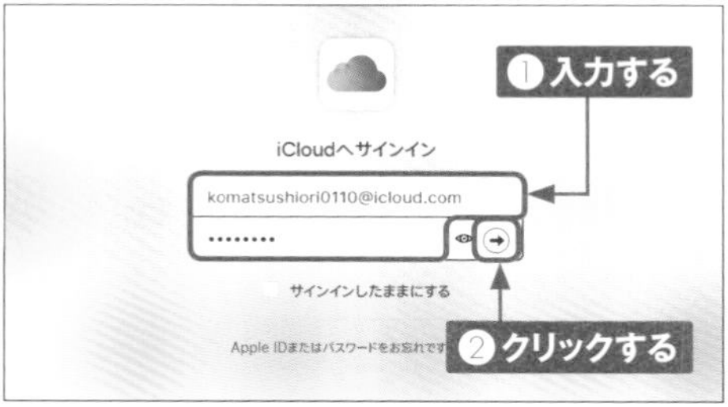

2 <iPhoneを探す>をクリックします。

MEMO 「iPhoneを探す」機能を有効にする

「iPhoneを探す」機能を利用するには、あらかじめ機能を有効にしておく必要があります。iPhoneのホーム画面で<設定>→<自分の名前>→<探す>→<iPhoneを探す>の順にタップし、「iPhoneを探す」の をタップして にすると、「iPhoneを探す」機能が有効になります。

3 自分のiPhoneの位置が地図上の●で示されます。●をクリックしてⓘをクリックします。なお、右の画面のように、上部に「すべてのデバイス」が表示されているときは、<すべてのデバイス>→任意のデバイス名の順にクリックします。

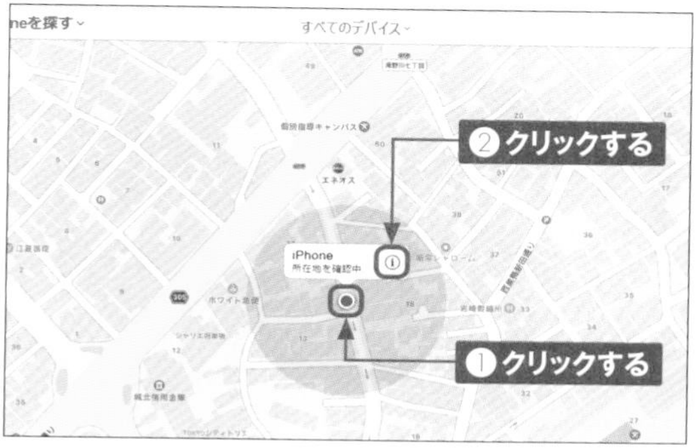

4 <サウンド再生>をクリックします。

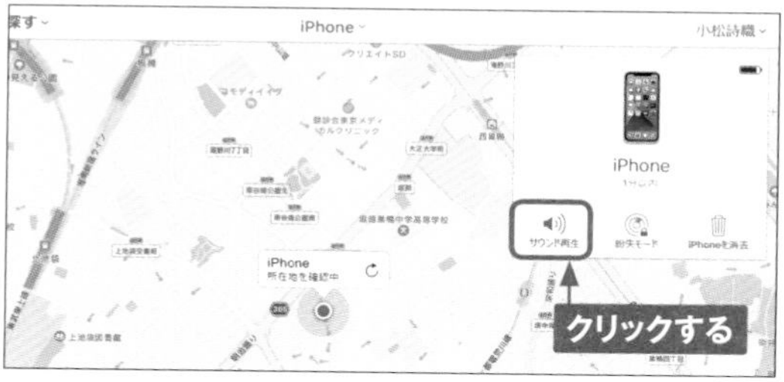

5 iPhoneから警告音が鳴り、画面にメッセージが表示されます。

MEMO ファミリー共有メンバーのiPhoneを探す

ファミリー共有を設定している場合、ファミリーメンバーの端末を「iPhoneを探す」機能で探すことが可能です。手順③の画面上部の<すべてのデバイス>をクリックすると、同じApple IDのiCloudを設定している端末とファミリーメンバーの端末が表示されるので、クリックして検索します。

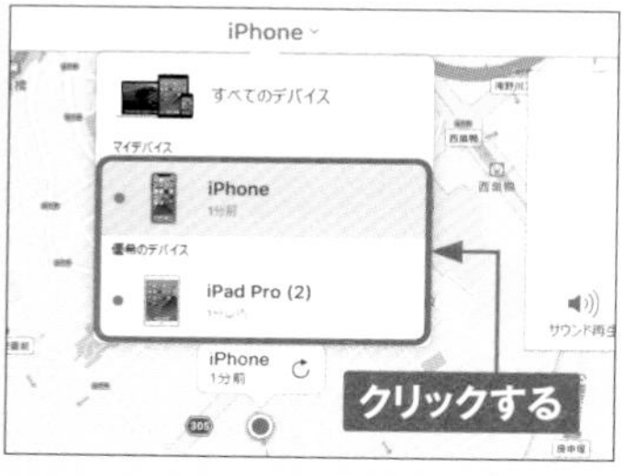

リモートロックを設定する

1 P.160手順①〜②を参考に「iPhoneを探す」画面を表示し、●をクリックしてⓘをクリックします。

2 <紛失モード>をクリックします。

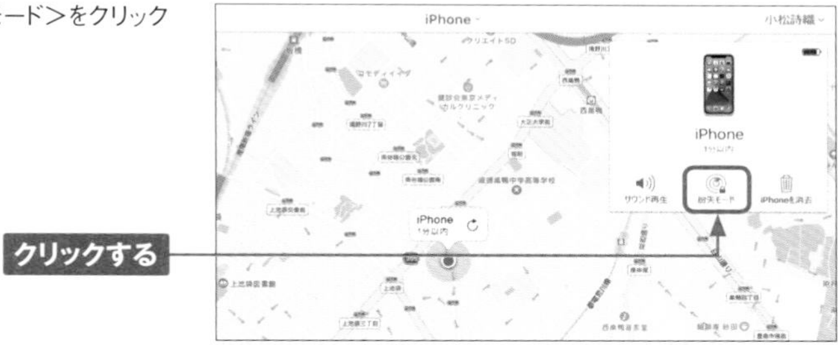

3 パスコードを設定していない場合は、パスコードを設定します。設定したいパスコードを2回入力します。

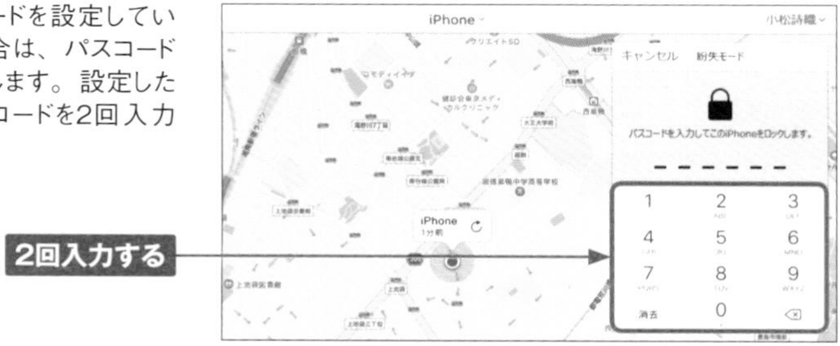

4 iPhoneの画面に表示する任意の電話番号を入力し、<次へ>をクリックします。

5 電話番号といっしょに表示するメッセージを入力し、<完了>をクリックすると、紛失モードが設定されます。

6 iPhoneを起動すると、P.162手順④と手順⑤で入力した電話番号とメッセージが表示されます。

7 ホームボタンを押すと、P.162手順③で設定したパスコードが要求されます。パスコードを入力すると、リモートロックが解除されます。

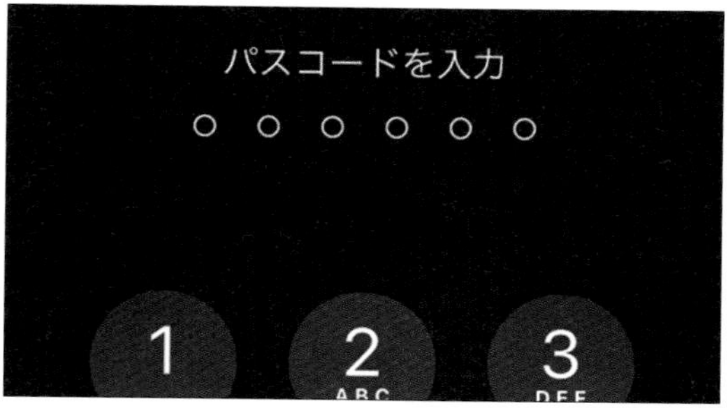

MEMO iOS搭載デバイスを使って別のiPhoneを探す

iOS搭載デバイスには「探す」アプリがインストールされています。これを使えば、同じApple IDで「iPhoneを探す」機能を有効にしている別のiOS搭載デバイスを探すことができます。利用するには、ホーム画面で<探す>をタップし、<デバイスを探す>をタップします。以降の操作は、ここで紹介している方法とほぼ同様です。

友達を探す

「探す」アプリを利用すると、ほかのiOS搭載デバイス（iOS 8以降）のユーザーと、お互いの位置情報を共有できるようになります。友達と待ち合わせをするときなどに活用しましょう。

友達の位置情報を確認する

1 ホーム画面で＜探す＞をタップします。

2 ＜人を探す＞をタップし、━を上方向にスワイプして、＜自分の位置情報を共有＞をタップします。

3 位置情報を共有したい相手のメールアドレスを入力し、＜送信＞をタップします。

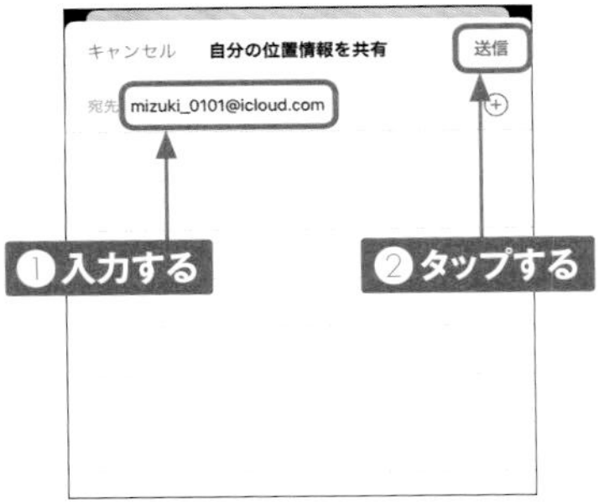

4 お互いの位置を共有する時間をタップします。

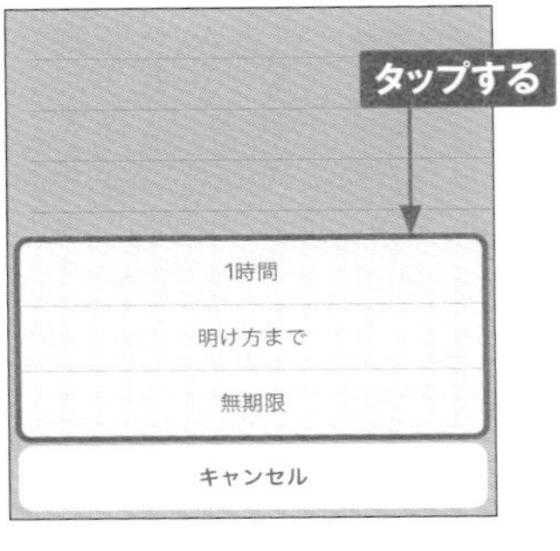

5 友達にリクエストが送信されます。

6 友達がリクエストを承認すると通知されます（P.166参照）。

7 友達の位置が地図上に表示されます。 をタップします。

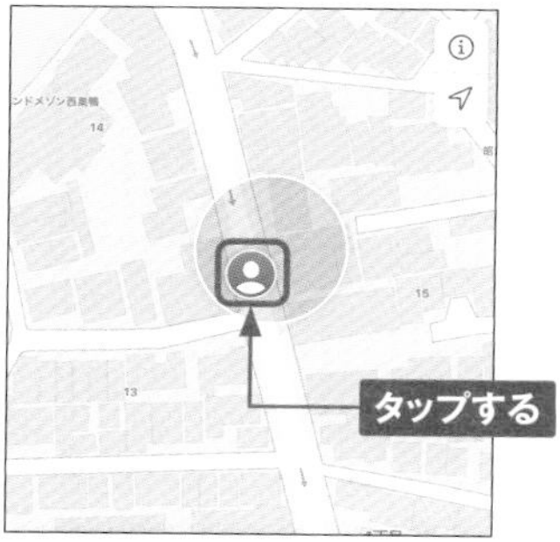

8 ＜連絡先＞をタップします。

9 友達の連絡先情報を確認できます。

リクエストに応答する

① 友達から位置情報のフォローリクエストがくると、通知が表示されます。通知をタップします。

② お互いの位置情報を共有する時間をタップします。なお、共有したくない場合は、＜共有しない＞をタップします。

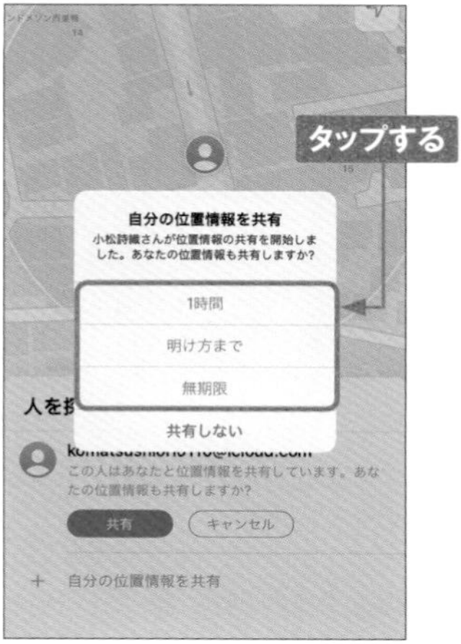

③ 友達の位置が地図上に表示されます。

MEMO アプリを起動せずに応答する

手順①の画面で、通知を下方向にスワイプすると、「探す」アプリを開かずにお互いの位置情報を共有する時間を選ぶことができます。

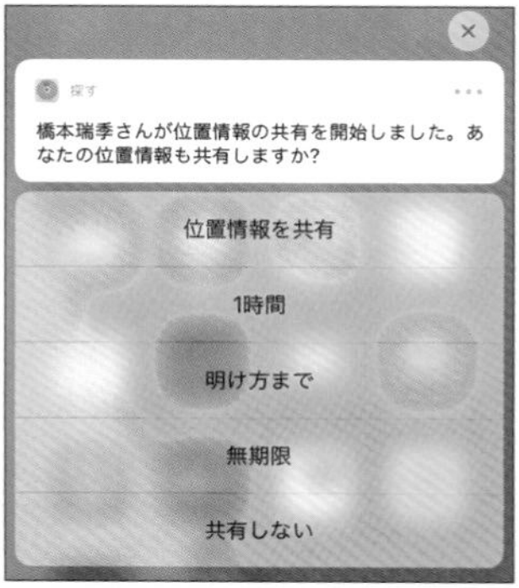

7

位置情報の共有状態を管理する

① 位置情報を共有した友達を左方向にスワイプします。

② をタップします。

③ 友達へのフォローが停止し、友達の位置情報が確認できなくなります。

MEMO 一時的にフォロワーから位置情報を隠す

手順①の画面下部の<自分>をタップし、「自分の位置情報を共有」のをタップしてにすると、フォロワーから自分の位置情報が確認できなくなります。一時的にフォロワーに位置情報を知られたくない場合などに役立ちます。

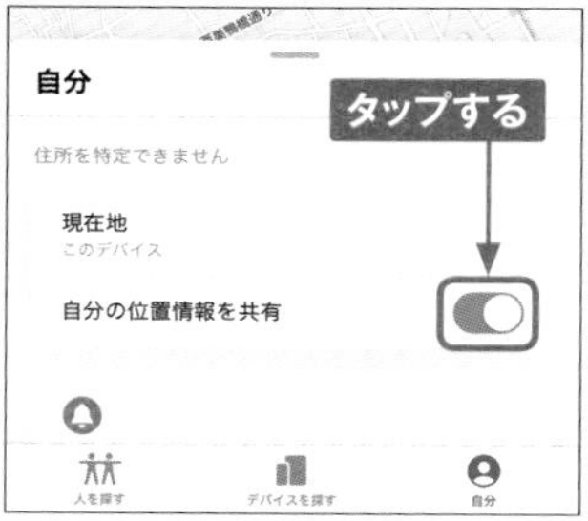

Section 56

Application

ほかのデバイスで開いているWebサイトを開く

各デバイスのiCloudでSafariが有効になっていると、1つのデバイスで開いているWebサイトをほかのデバイスでも開くことができます。ここでは、MacのSafariで開いているページをiPhoneのSafariで開きます。

Macで開いているWebページをiPhoneで開く

1 MacのDockの をクリックして「システム環境設定」アプリを起動し、＜Apple ID＞をクリックします。

2 ＜iCloud＞をクリックし、「Safari」のチェックボックスをクリックしてチェックを付けます。

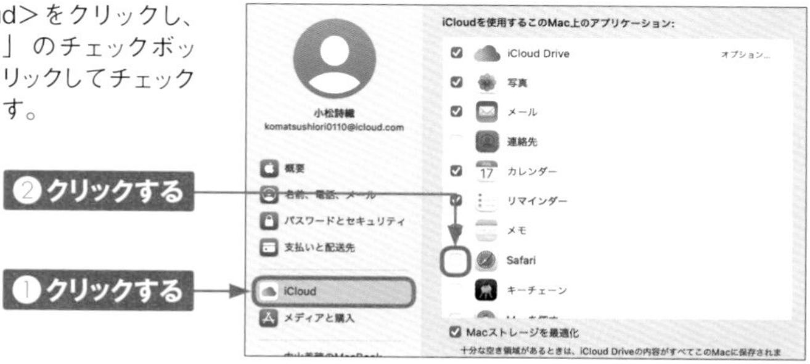

3 Dockの をクリックして「Safari」アプリを起動し、任意のWebページを開きます。

4 iPhoneのホーム画面でをタップします。

5 画面右下のをタップします。

6 画面を上方向にスワイプすると、ほかのデバイスで開いているWebページのリストが表示されます。任意のWebページをタップします。

7 選択したWebページが開きます。

iCloudの容量を増やす

iCloudは無料で5GBの容量を自由に使えますが、プランを変更して料金を支払うことで、さらに利用できる容量を増やせます。なお、この手続きをするためには、あらかじめApple IDにクレジットカードを登録しておく必要があります（Sec.05参照）。

iCloudの容量を増やす

1 ホーム画面で＜設定＞→＜自分の名前＞の順にタップします。

2 ＜iCloud＞をタップします。

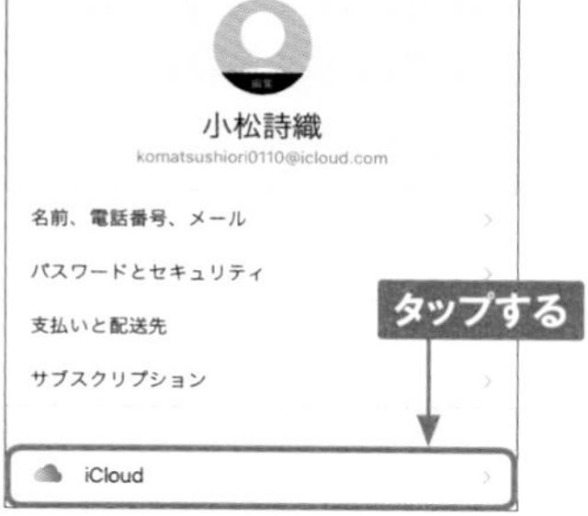

3 ＜ストレージを管理＞をタップします。

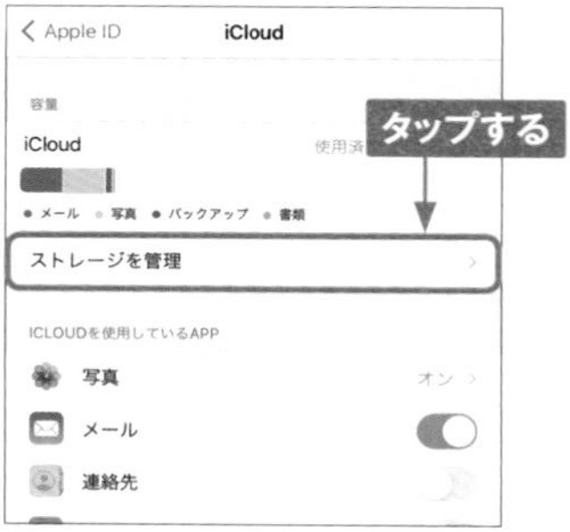

4 ＜ストレージプランを変更＞をタップします。

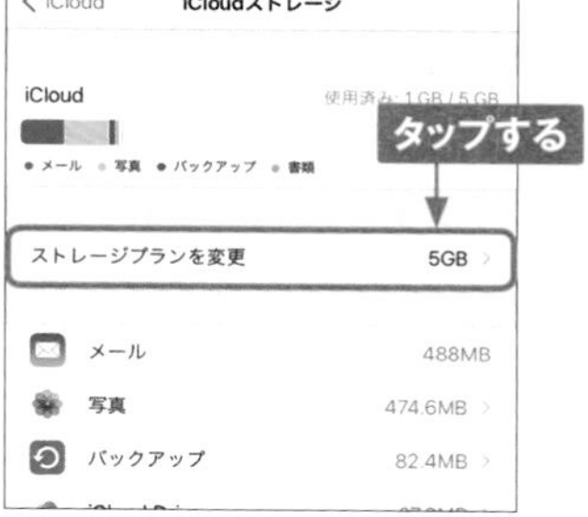

5 「50GB」「200GB」「2TB」から購入したい容量（ここでは＜50GB＞）をタップし、＜購入する＞をタップします。

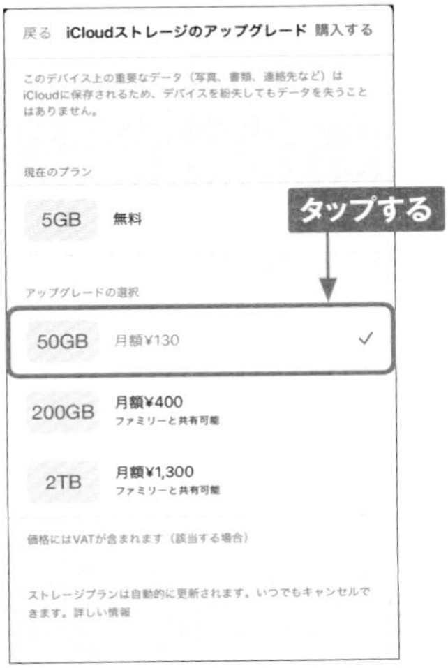

6 ＜サブスクリプションに登録＞をタップします。

7 Apple IDのパスワードを入力し、＜サインイン＞をタップすると、購入した容量がiCloudに追加されます。

MEMO

サブスクリプションの自動更新をキャンセルする

iCloudの容量を増やしたあと、実際に必要な分よりも多くて余ってしまうという場合は、プランをダウングレードできます。手順⑤の画面で＜ダウングレードオプション＞をタップし、＜5GB＞→＜完了＞→＜ダウングレード＞の順にタップすると、翌月の自動更新がキャンセルされます。

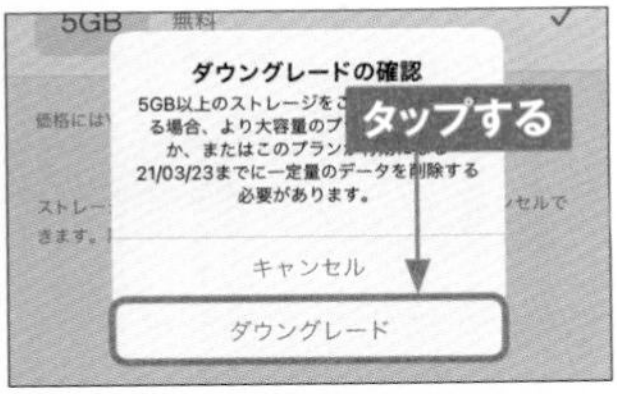

別のApple IDでiCloudを設定する

一度iOS搭載デバイスに設定したApple IDをサインアウトさせて、新しいApple IDを設定することができます。異なるApple IDのiCloudにデータを保存したい場合や、別のアカウントに保存されたデータを使いたい場合などに、この機能を使いましょう。

サインアウトする

1 ホーム画面で<設定>→<自分の名前>の順にタップします。

2 画面を上方向にスワイプし、<サインアウト>をタップします。

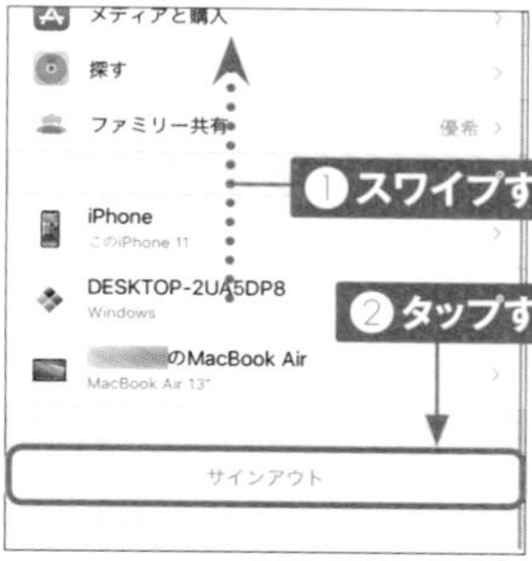

3 Apple IDのパスワードを入力し、<オフにする>をタップします。

4 <サインアウト>→<サインアウト>の順にタップします。

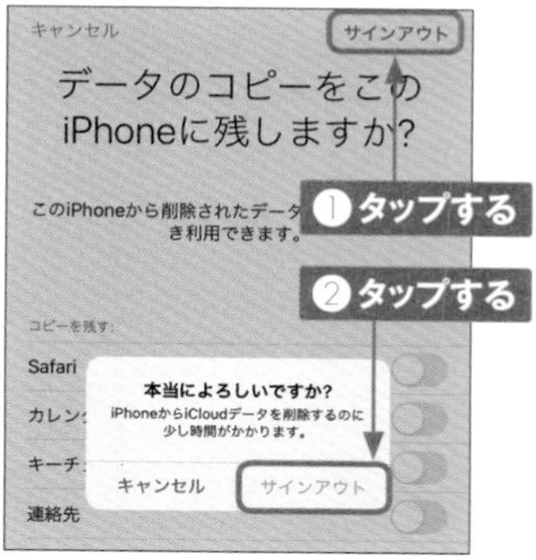

7

サインインする

① ホーム画面で<設定>→<iPhoneにサインイン>の順にタップします。

② Apple IDとパスワードを入力し、<次へ>をタップして、画面の指示に従って設定します。

MEMO サインアウトしても端末に残されるデータ

端末からiCloudアカウントをサインアウトさせると、iCloudに同期していた「iCloudフォトライブラリ」や「リマインダー」といったデータは表示されなくなり、「メール」アプリのiCloudアカウントも使用不可になります。ただし、これらのデータはクラウド上に保存されているので、再度同じアカウントを有効にすれば元通り表示されます。なお、iCloudに同期できる「連絡先」と「カレンダー」のデータは、iCloudアカウントのサインアウト時に端末に残すかどうかを選択できます。データのコピーを残したい項目があれば、P.172手順④の画面でをタップしてにします。

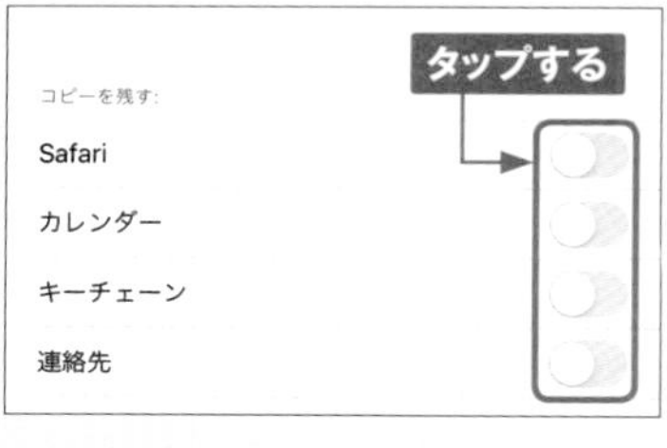

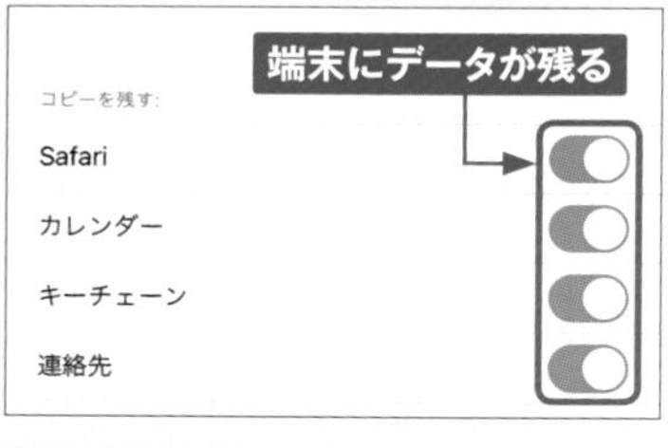

2ファクタ認証とは

Apple IDの2ファクタ認証を有効にすると、セキュリティをより強固にできます。2ファクタ認証にはSMSを受信できる電話番号が必要になるので、iPadのようなタブレットで設定する際は、SMSを受信できる別の端末を用意しておきましょう。

2ファクタ認証とは

iCloudへのサインインなど、Apple IDを使ったサインインには、アカウントとなるメールアドレスとパスワードが必要になります。しかしこれだけでは、誰かにメールアドレスとパスワードを知られてしまった場合、かんたんにApple IDでサインインされてしまい、個人情報やクレジットカード情報などが盗まれてしまう危険性があります。それを防ぐため、メールアドレスとパスワードだけではサインインできないようにするしくみが、2ファクタ認証です。
2ファクタ認証でサインインするには、「メールアドレス」と「パスワード」というカギに加え、「確認コード」というもう1つのカギが必要になります。「確認コード」はSMSで受信でき、これがなければサインインすることができなくなります。信頼できる端末を「確認コード」の受信先に設定しましょう。なお、iOS 13.4以降、iPadOS 13.4以降、またはmacOS 10.15.4以降を搭載するデバイスで新しいApple IDを作成した場合、そのアカウントでは2ファクタ認証が自動的に使用されます。2ファクタ認証は一度設定されると無効にすることはできません。
また、2ファクタ認証でパスワードを忘れたり、端末を紛失したりして確認コードを受け取れない場合に備えて、「復旧キー」を生成しておくと安心です（P.175参照）。「復旧キー」がないとサインインできなくなる恐れがあるので、絶対に忘れないように保管しておきましょう。

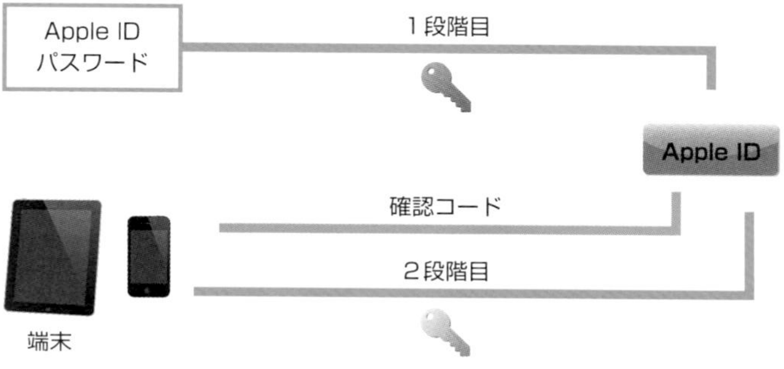

2ファクタ認証を有効にすると、Apple IDのサインイン時に「確認コード」と「パスコード」の入力が求められます。2段階の確認を行うことになるので、よりセキュリティを高められます。

7

2ファクタ認証の復旧キーを生成する

1 ホーム画面で<設定>→<自分の名前>→<パスワードとセキュリティ>の順にタップします。

2 <復旧キー>をタップします。

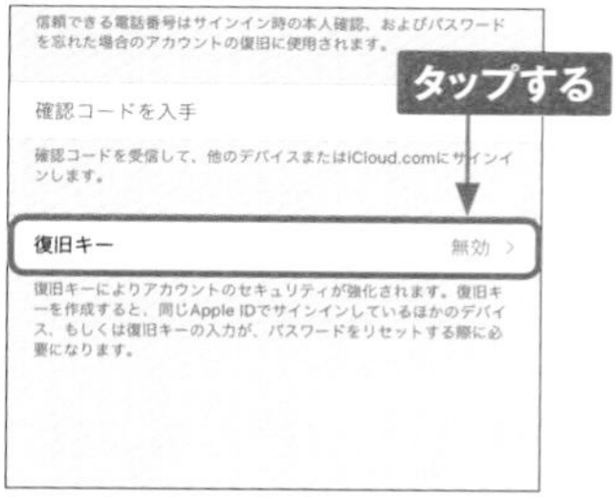

3 「復旧キー」の をタップします。

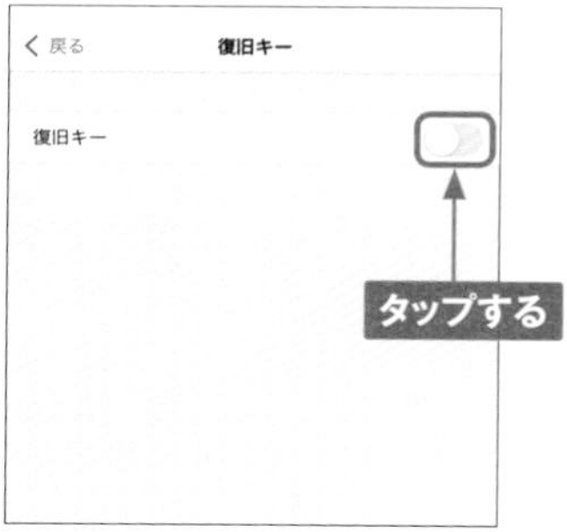

4 <復旧キーを使用する>をタップし、次の画面でパスコードを入力します。

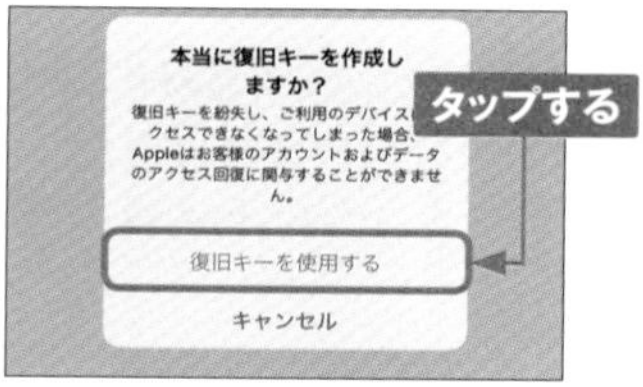

5 復旧キーが表示されるので、メモをしておきます。<続ける>をタップします。

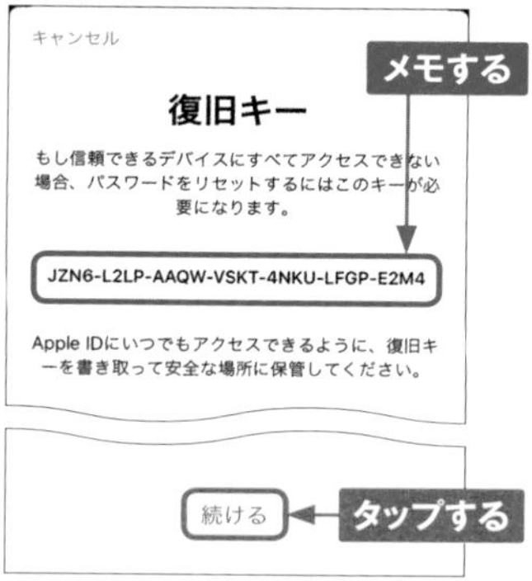

6 手順⑤でメモした復旧キーを入力して<次へ>をタップすると、手順③の画面に戻り、復旧キーが有効になります。

Section 60

Application

Apple Musicの ライブラリを同期する

Apple Musicのサブスクリプションに登録している場合、「ライブラリを同期」を有効にすることで、ミュージックライブラリやApple Musicからダウンロードした音楽を、使用しているすべてのデバイスで楽しめるようになります。

ライブラリを同期する

1 ホーム画面で＜設定＞をタップし、＜ミュージック＞をタップします。

2 「ライブラリを同期」の をタップします。

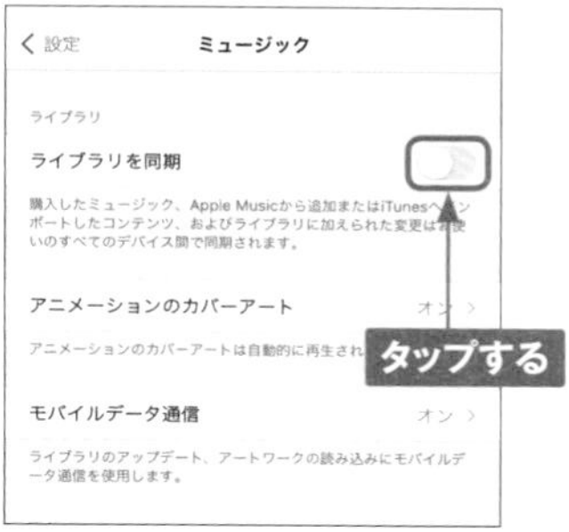

3 ライブラリの同期が有効になります。

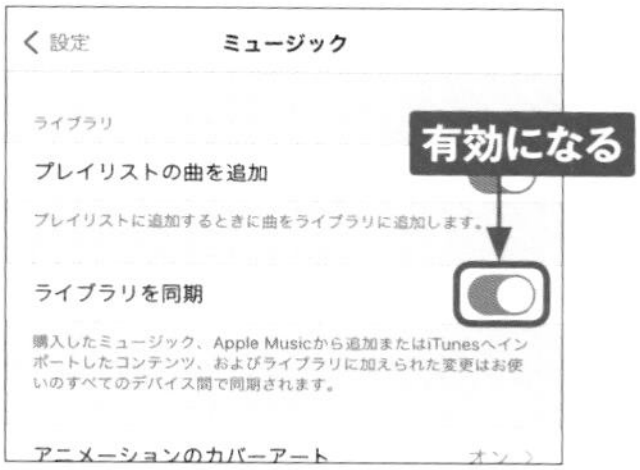

MEMO 「ライブラリを同期」が表示されない場合

Apple Musicのサブスクリプションに登録していない場合、手順②の画面の「ライブラリを同期」の項目は表示されません。Apple Musicに登録していても「ライブラリを同期」の項目が表示されない場合は、Apple Musicにサインインできていない場合があります。「ミュージック」アプリを起動して、Apple IDでサインインしましょう。

4 MacのDockの をクリックして、「ミュージック」アプリを起動します。

5 メニューバーで<ミュージック>→<環境設定>の順にクリックします。

6 <一般>をクリックし、「ライブラリを同期」のチェックボックスをクリックします。

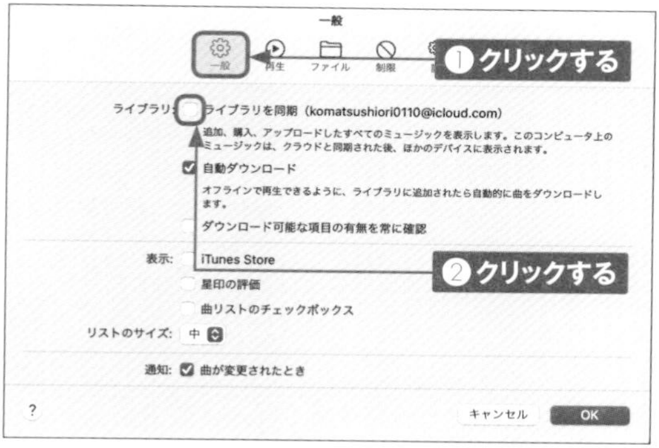

7 ライブラリの同期が有効になります。<OK>をクリックします。

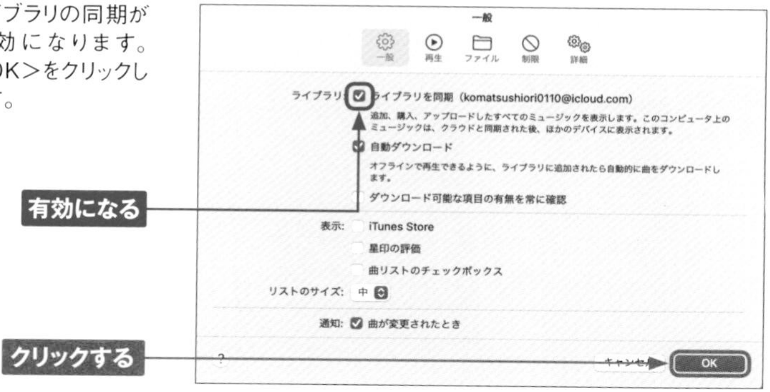

iPhoneで追加した音楽を確認する

1 iPhoneで「ミュージック」アプリを開き、任意の音楽の＋をタップしてライブラリに追加します。

タップする

2 Macで「ミュージック」アプリを開き、＜最近追加した項目＞をクリックします。

クリックする

3 iPhoneでライブラリに追加した音楽が表示されます。

表示される

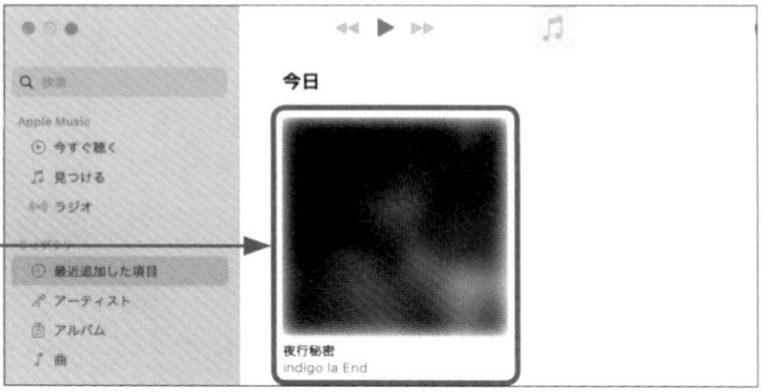

MEMO 音楽を削除するとすべてのデバイスから削除される

追加、購入、ダウンロードした音楽、作成したプレイリストなどを1つのデバイスで削除すると、同期しているすべてのデバイスからも削除されます。削除したくない音楽を追加しているデバイスがある場合、ライブラリの同期を無効にしておきましょう。

Chapter 8

iCloudでデータのバックアップ、移行をする

iCloudで
バックアップできるもの

iCloudでは、主に日常的によく使う項目のバックアップを行うことができます。ここではその種類をはじめ、iCloudとiTunesでバックアップを行う際の違いや、iCloudのストレージ容量などについて解説します。

iCloudでバックアップできるもの

iCloudでは、ホーム画面の配置や写真・動画のデータ、App Storeでインストールしたアプリの再ダウンロード、デバイスの各種設定などをバックアップ・復元できます。

●写真・動画

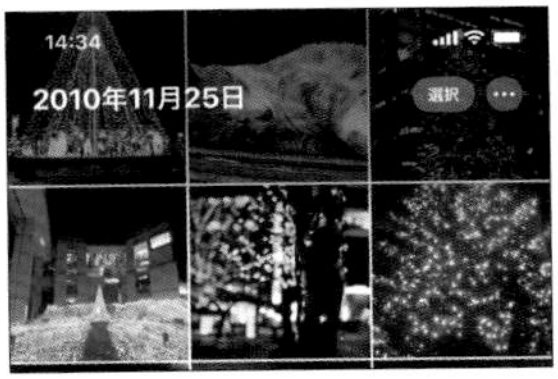

過去に撮影した写真や動画は、iCloudのバックアップから復元されます。

●App Store

復元を行うと、同じApple IDのデバイスでインストールしたアプリが再インストールされます。

●iCloudでバックアップ・復元ができる情報

本体内（「最近の項目」アルバム内）の写真やビデオ（iCloud写真はバックアップ済）
インストールしたアプリとアプリのデータ
ホーム画面の配置
SMS、iMessageなどのメッセージ
着信音
ボイスメモ
Appleのサービスで購入した音楽や映画など
保存したパスワード
Webサイトの履歴
Wi-Fi設定
ヘルスケアデータ

8

iCloudとiTunesでのバックアップの違い

iTunesでのバックアップでは、iCloudでバックアップできる情報に加え、「通話履歴」「壁紙設定」「カレンダーアプリのデータ」がバックアップできます。また、iCloudではバックアップで利用できる容量として、5GBまでは無料で使用できますが（有料で2TBまで拡張可能）、iTunesの場合は使用するパソコンの空き容量を利用できるので、動画など大容量のデータを無料でバックアップしたい場合は、iTunesのほうが適しています。また、iCloudでのバックアップや復元はWi-Fiしか利用できないので、パソコンと直接ケーブルを接続してデータをやり取りするiTunesよりバックアップや復元に時間がかかります。

iCloudのストレージ容量について

iCloudのストレージ容量は、先ほど触れたように5GBまでは無料で利用することができます。5GBで写真や動画などのバックアップですぐにいっぱいになってしまう場合は、追加で容量を購入するかデータを減らす、またはiTunesでのバックアップに切り替えるなど、必要に応じて方法を変えましょう。iCloudのストレージ容量は、最大で2TBまで増やすことができます。

Wi-Fiでバックアップを行う

iCloudでバックアップを行う際は大容量のデータ通信が発生するため、Wi-Fiを利用するのがよいでしょう。しかし、Wi-Fiを使ったバックアップは電波を経由するため、データが大きい場合は1GBあたり1 ～ 4時間、もしくはそれ以上かかってしまうことがあります。バックアップを行う前は、不要な写真・動画やアプリのデータを消す、または一部のデータを別の場所に移してから行うようにすると、よりスムーズにできます。

iCloudにデータをバックアップする

iCloudバックアップを有効にしておくと、自動でiCloudにiOS搭載デバイスのさまざまなデータのバックアップを作成することができます。iOS搭載デバイスからバックアップすることで、旅行先などでパソコンのない環境でもiPhoneやiPadを復元できます。

iCloudにバックアップを作成する

1 Wi-Fiに接続して、ホーム画面で<設定>→<自分の名前>→<iCloud>の順にタップします。

2 <iCloudバックアップ>をタップします。

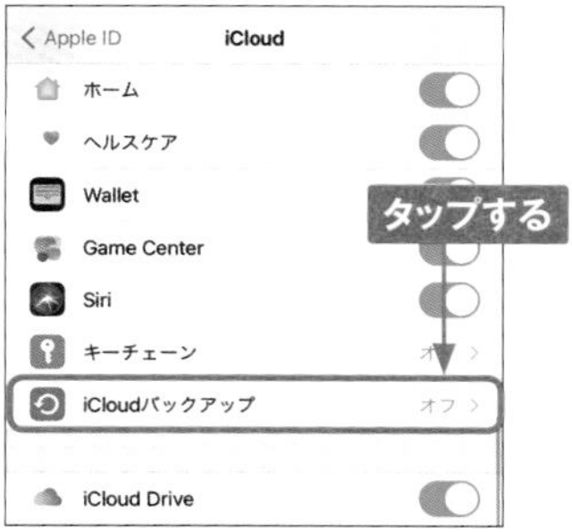

3 「iCloudバックアップ」の を タップします。

4 になると、iCloudにバックアップが保存されます。以後、電源に接続された状態で、Wi-Fiに接続して画面がロック状態のときに自動でバックアップされます。

バックアップを手動で作成する

1. Wi-Fiに接続して、ホーム画面で＜設定＞→＜自分の名前＞→＜iCloud＞の順にタップします。

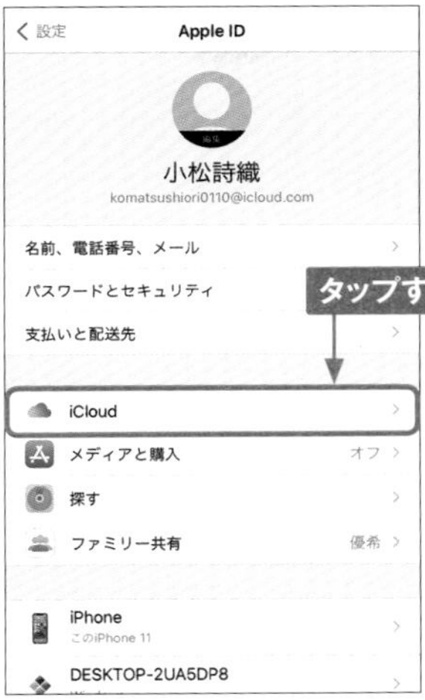

2. ＜iCloudバックアップ＞をタップします。

3. 「iCloudバックアップ」が に なっていることを確認し、＜今すぐバックアップを作成＞をタップします。

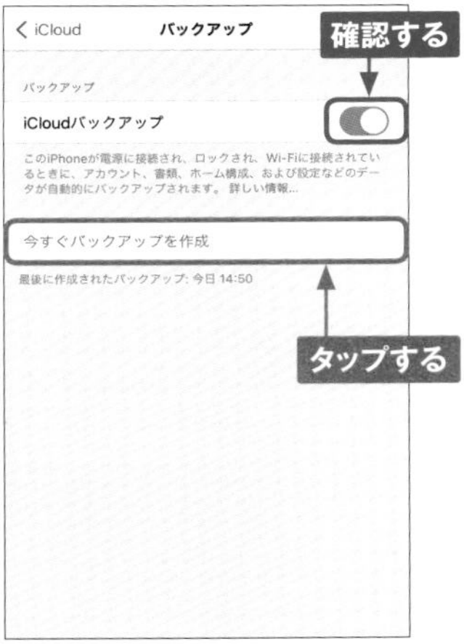

4. バックアップが作成されます。

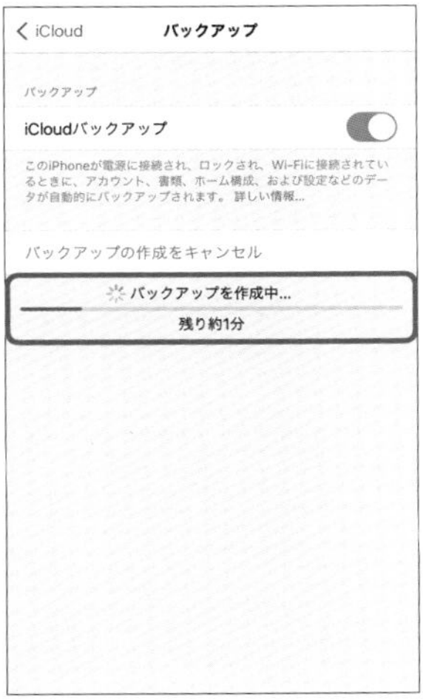

iCloudにバックアップしたデータを復元する

iCloudのバックアップ機能は、バックアップ作成日時ごとに、バックアップデータを保存しています。iOS搭載デバイスをリセットしたあとや、新しい機種に変更した際にバックアップから復元することで、かんたんに元の状態に戻せます。

iCloudを利用して復元する

1 新規に購入、またはリセットしたiOSデバイスを起動し、画面の指示に従って設定していきます。

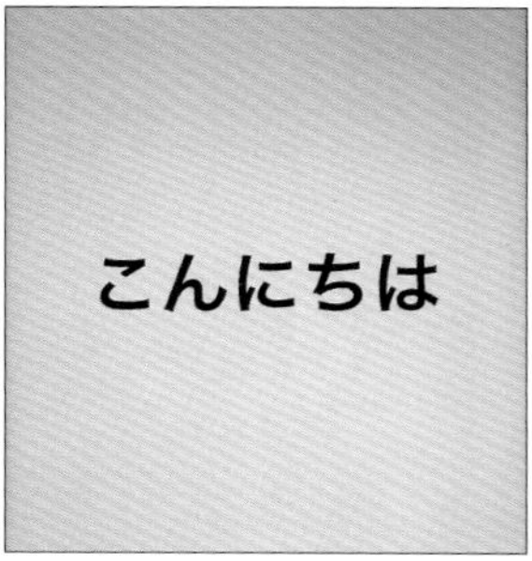

2 Face IDやTouch IDの設定画面が表示されたら、ここでは<あとで“設定”でセットアップ>をタップし、パスコードを設定します。

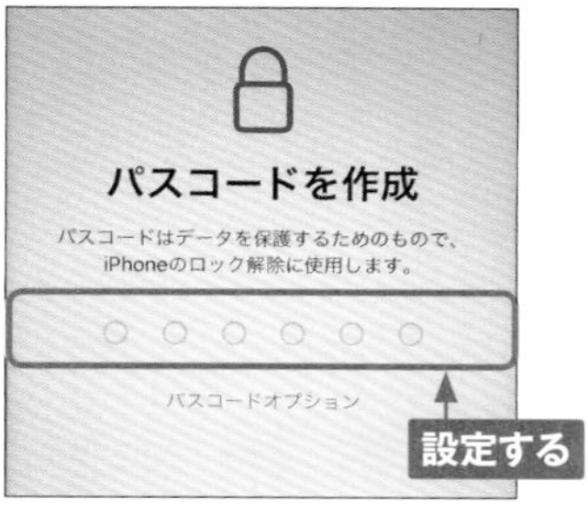

3 「Appとデータ」画面が表示されたら、<iCloudバックアップから復元>をタップします。

4 「iCloud」画面でApple IDとパスワードを入力し、<次へ>をタップします。

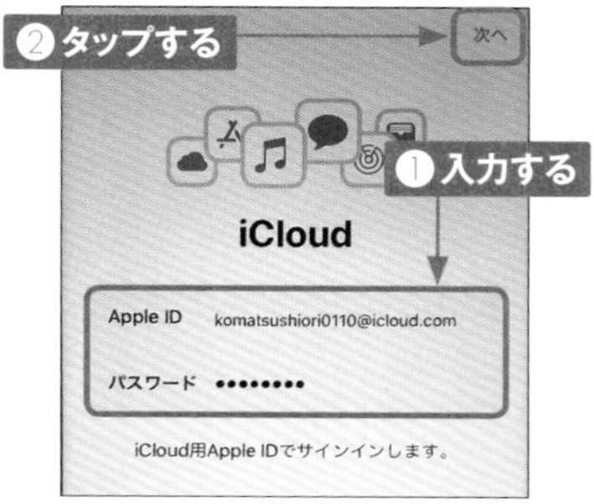

5 利用規約の内容を確認し、＜同意する＞をタップします。

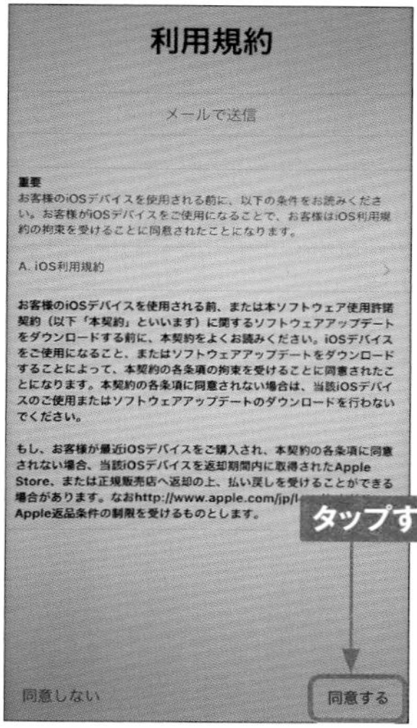

利用規約
メールで送信
重要
お客様のiOSデバイスを使用される前に、以下の条件をお読みください。お客様がiOSデバイスをご使用になることで、お客様はiOS利用規約の拘束を受けることに同意されたことになります。
A. iOS利用規約
お客様のiOSデバイスを使用される前、または本ソフトウェア使用許諾契約（以下「本契約」といいます）に関するソフトウェアアップデートをダウンロードする前に、本契約をよくお読みください。iOSデバイスをご使用になること、またはソフトウェアアップデートをダウンロードすることによって、本契約の各条項の拘束を受けることに同意されたことになります。本契約の各条項に同意されない場合は、当該iOSデバイスのご使用またはソフトウェアアップデートのダウンロードを行わないでください。
もし、お客様が最近iOSデバイスをご購入され、本契約の各条項に同意されない場合、当該iOSデバイスを返却期間内に取得されたApple Store、または正規販売店へ返却の上、払い戻しを受けることができる場合があります。なおhttp://www.apple.com/jp/l
Apple返品条件の制限を受けるものとします。
タップする
同意しない
同意する

6 復元するバックアップをタップして選択します。これ以前のバックアップを見るには、＜その他のバックアップを表示＞をタップします。

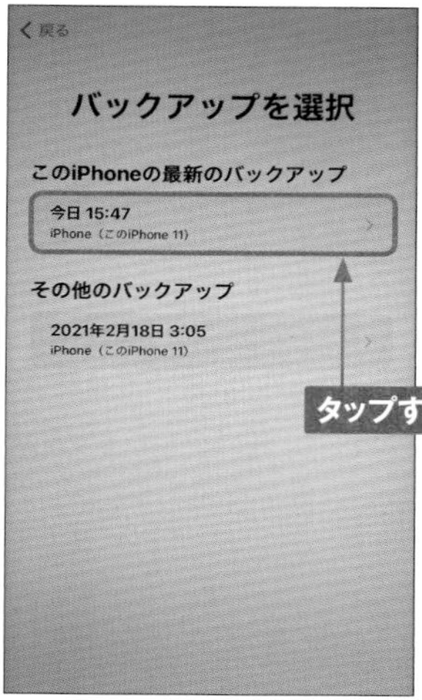

戻る
バックアップを選択
このiPhoneの最新のバックアップ
今日 15:47
iPhone（このiPhone 11）
その他のバックアップ
2021年2月18日 3:05
iPhone（このiPhone 11）
タップする

MEMO 機種変更時にクイックスタート機能を利用する

iOS 11以降では、iCloudに保存したデータを新しい端末に転送させる際、「クイックスタート機能」を利用することができます。この機能は、iOS 11以降を搭載しているiPhoneやiPadどうしを近付けると、古い端末のデータを新しい端末に自動で転送してくれるというものです。クイックスタート機能を利用することで、よりすばやく新しい端末にデータを移動させることができます。

戻る
こんにち
クイックスタート
現在お使いのiPhoneまたはiPadをこのiPhoneに近づけると、サインインおよび設定が実行できます。
もう一方のiPhoneまたはiPadに、このiPhoneを設定するためのオプションが表示されない場合は、もう一方のデバイスにiOS 11以降が搭載されていて、Bluetoothがオンになっていることを確認してください。このiPhoneを手動で設定することもできます。
手動で設定

8

7 「位置情報サービス」画面が表示されるので、ここでは＜位置情報サービスをオフにする＞→＜OK＞の順にタップします。

位置情報サービス
"位置情報サービス"により、"マップ"などのAppや"探す"などのサービスが、ユーザのおおよその場所を示すデータを収集して利用できるようになります。
タップする
位置情報サービスとプライバシーについて...
位置情報サービスをオンにする
位置情報サービスをオフにする

8 「Pay」画面が表示されるので、ここでは＜あとでWalletでセットアップ＞をタップします。

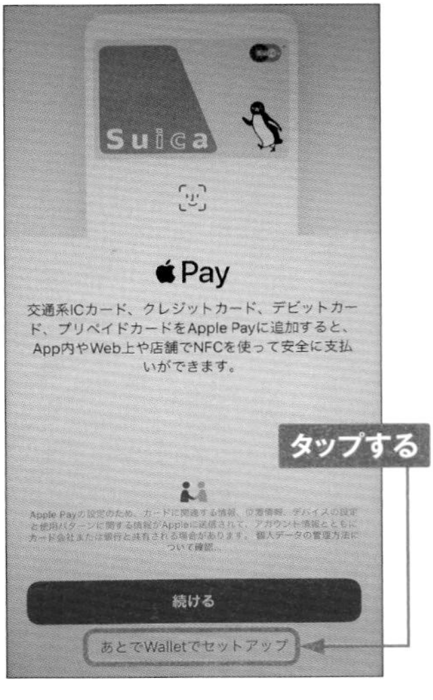
Suica
Pay
交通系ICカード、クレジットカード、デビットカード、プリペイドカードをApple Payに追加すると、App内やWeb上や店舗でNFCを使って安全に支払いができます。
タップする
続ける
あとでWalletでセットアップ

9 「iCloudキーチェーン」画面が表示されるので、ここでは＜iCloudキーチェーンを使用しない＞をタップします。

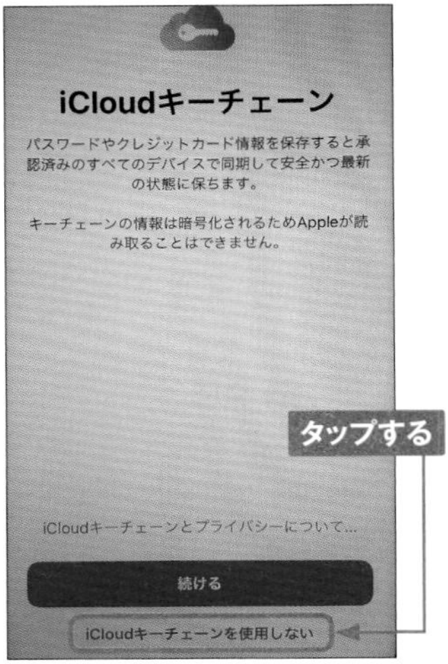
iCloudキーチェーン
パスワードやクレジットカード情報を保存すると承認済みのすべてのデバイスで同期して安全かつ最新の状態に保ちます。
キーチェーンの情報は暗号化されるためAppleが読み取ることはできません。
タップする
iCloudキーチェーンとプライバシーについて...
続ける
iCloudキーチェーンを使用しない

10 「Siri」画面が表示されたら＜あとで“設定”でセットアップ＞をタップします。

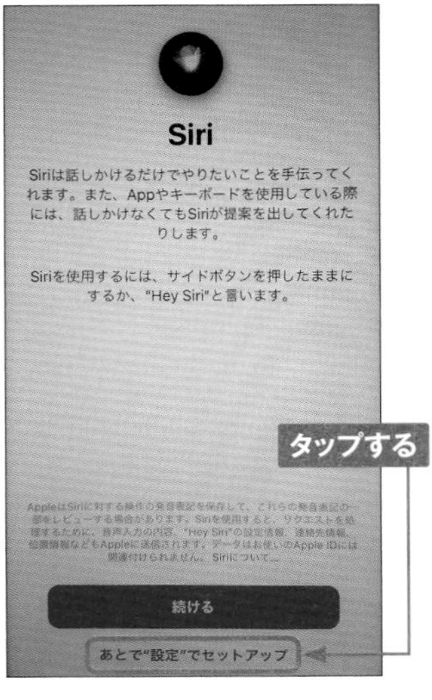
Siri
Siriは話しかけるだけでやりたいことを手伝ってくれます。また、Appやキーボードを使用している際には、話しかけなくてもSiriが提案を出してくれたりします。
Siriを使用するには、サイドボタンを押したままにするか、"Hey Siri"と言います。
タップする
続ける
あとで"設定"でセットアップ

11 「iPhone解析」画面が表示されるので、ここでは<共有しない>をタップします。

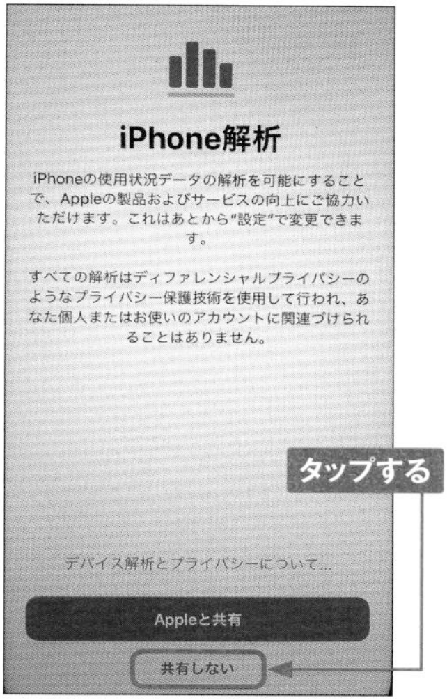

12 Apple IDパスワードの入力画面が表示されます。ここでは<この手順をスキップ>をタップします。

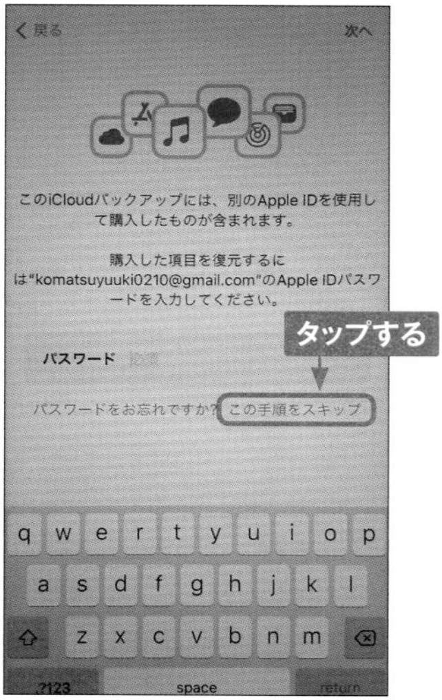

13 バックアップデータをiCloudから復元します。データ量によっては、時間がかかることがあります。

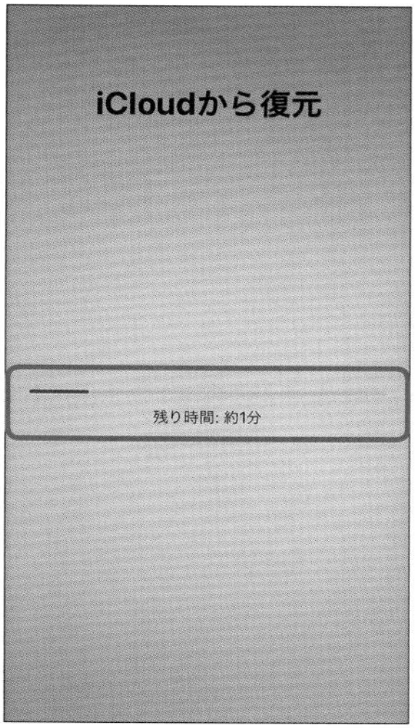

14 パスコードを入力するとホーム画面が表示され、復元が完了します。

8

iTunesでiCloudにデータをバックアップする

パソコンとiOS搭載デバイスは、iTunesで音楽や動画、アプリといったデータを同期できます。また、バックアップの作成もiTunesから行えます。ここでは、Windowsのパソコンで「iTunes」アプリを使用してバックアップを作成します。

iTunesからiCloudにバックアップする

① iTunesを起動し、iPhoneやiPadとパソコンをLightning-USBケーブルで接続します。

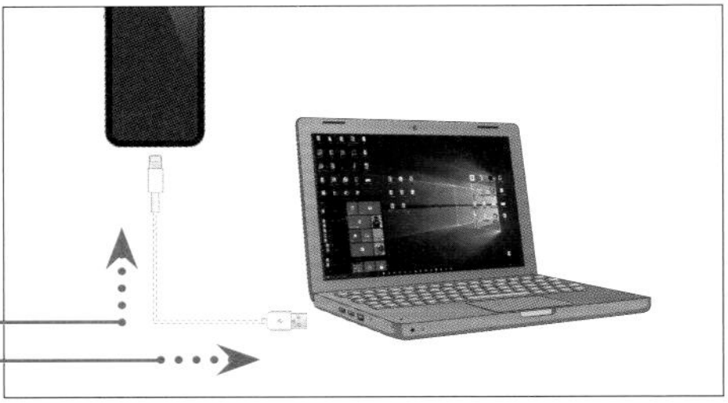

② ライブラリ画面で、画面左上の▯をクリックします。

③ <概要>をクリックします。

4 「自動的にバックアップ」の<iCloud>をクリックします。<このコンピュータ>をクリックすると、iTunesを使ってパソコンにバックアップができます。なお、iCloud使用時に下部の<ローカルバックアップを暗号化>をクリックしてチェックを付けると、ヘルスケアデータなどもバックアップできます。

5 <今すぐバックアップ>をクリックします。

6 バックアップが作成されます。バックアップを作成後、<バックアップを復元>をクリックすると、バックアップデータを復元できます。なお、復元には、iOS搭載デバイスの「iPhoneを探す」機能を無効にする必要があります（Sec.54参照）。

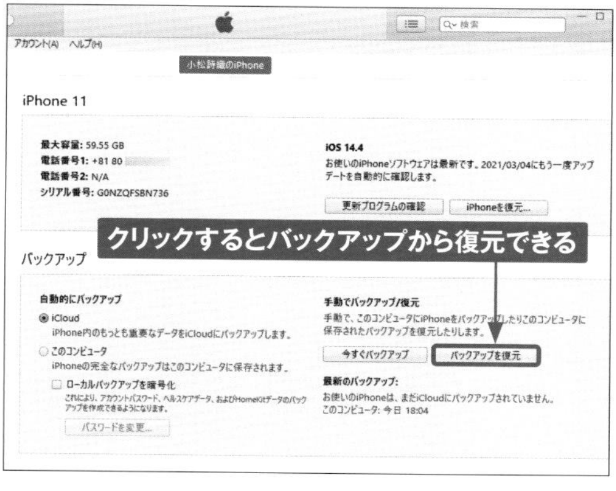

索引

数字・アルファベット

あ行

か行

さ行

た行

は行

ま行

ら行

お問い合わせについて

本書に関するご質問については、本書に記載されている内容に関するもののみとさせていただきます。本書の内容と関係のないご質問につきましては、一切お答えできませんので、あらかじめご了承ください。また、電話でのご質問は受け付けておりませんので、必ずFAX か書面にて下記までお送りください。
なお、ご質問の際には、必ず以下の項目を明記していただきますようお願いいたします。

1 お名前
2 返信先の住所または FAX 番号
3 書名
（ゼロからはじめる iCloud 基本＆便利技）
4 本書の該当ページ
5 ご使用の OS のバージョン
6 ご質問内容

なお、お送りいただいたご質問には、できる限り迅速にお答えできるよう努力いたしておりますが、場合によってはお答えするまでに時間がかかることがあります。また、回答の期日をご指定なさっても、ご希望にお応えできるとは限りません。あらかじめご了承くださいますよう、お願いいたします。ご質問の際に記載いただきました個人情報は、回答後速やかに破棄させていただきます。

■ お問い合わせの例

FAX

1 お名前
技術　太郎

2 返信先の住所または FAX 番号
03-XXXX-XXXX

3 書名
ゼロからはじめる
iCloud 基本＆便利技

4 本書の該当ページ
40ページ

5 ご使用のソフトウェアのバージョン
iOS 14.4.1
Windows 10

6 ご質問内容
手順3の画面が表示されない

お問い合わせ先

〒 162-0846
東京都新宿区市谷左内町 21-13
株式会社技術評論社　書籍編集部
「ゼロからはじめる iCloud 基本＆便利技」質問係
FAX 番号　03-3513-6167
URL：http://book.gihyo.jp/116/

ゼロからはじめる iCloud《アイクラウド》 基本《きほん》&《アンド》便利《べんり》技《わざ》

2021 年 5 月 22 日　初版　第 1 刷発行

著者 ……………………リンクアップ
発行者……………………片岡　巌
発行所……………………株式会社　技術評論社
東京都新宿区市谷左内町 21-13
電話 ……………………03-3513-6150　販売促進部
03-3513-6160　書籍編集部
編集…………………… リンクアップ
担当…………………… 宮崎　主哉
装丁…………………… 菊池　祐（ライラック）
本文デザイン・DTP …… リンクアップ
本文撮影…………………… リンクアップ
製本／印刷………………… 図書印刷株式会社

定価はカバーに表示してあります。

落丁・乱丁がございましたら、弊社販売促進部までお送りください。交換いたします。

ISBN978-4-297-12108-2 C3055

Printed in Japan